U0308940

种植基础与农作物生产技术

黄新杰　石　瑞　阚宝忠◎著

吉林科学技术出版社

图书在版编目（CIP）数据

种植基础与农作物生产技术 / 黄新杰，石瑞，阚宝
忠著. -- 长春 ：吉林科学技术出版社，2022.11
ISBN 978-7-5578-9883-0

Ⅰ．①种… Ⅱ．①黄… ②石… ③阚… Ⅲ．①种植②
作物—栽培技术 Ⅳ．①S359②S31

中国版本图书馆 CIP 数据核字 (2022) 第 201594 号

种植基础与农作物生产技术
ZHONGZHI JICHU YU NONGZUOWU SHENGCHAN JISHU

作　　者	黄新杰　石　瑞　阚宝忠
出 版 人	宛　霞
责任编辑	王天月
幅面尺寸	185 mm×260mm
开　　本	16
字　　数	299 千字
印　　张	12.75
版　　次	2023 年 5 月第 1 版
印　　次	2023 年 5 月第 1 次印刷

出　　版　吉林科学技术出版社
发　　行　吉林科学技术出版社
地　　址　长春市净月区福祉大路 5788 号
邮　　编　130118
发行部电话/传真　0431-81629529　81629530　81629531
　　　　　　　　　81629532　81629533　81629534

储运部电话　0431-86059116

编辑部电话　0431-81629518
印　　刷　北京四海锦诚印刷技术有限公司

书　　号　ISBN 978-7-5578-9883-0
定　　价　75.00 元

版权所有 翻印必究 举报电话：0431-81629508

前　言

作物生产是农业生产系统的核心和基础。作物产品为人类生存提供最基本、最必需的生活资料，同时还为畜牧业的发展提供饲料、为工业提供加工原料。了解作物及作物生产过程，研究作物高产、优质、高效、低耗、环保的理论与技术体系，对提高作物产品的数量和质量，提高种植效益，保护环境和实现农业持续发展至关重要。高效作物生产对保障我国粮食安全、推动国民经济发展具有重要意义。

本书着重介绍作物及作物生产的基本概念、理论、方法和技术。内容涵盖了作物生产的主要内容；重点探讨不同栽培技术，改进玉米、马铃薯、小麦、棉花等作物的栽培技术；概要介绍了栽培所需生物学基础理论，对重点推广作物的主要病虫害发生规律及防治技术做了翔实介绍，同时对重点推广作物的主推品种从品种来源、特征特性、栽培要点、适宜范围等方面作了简要介绍。

本书体现了知识性、科学性、实用性、可读性和可操作性的特色，可供广大农民群众、农村干部、基层农业科技工作者及管理人员阅读、参考。

由于编者业务水平有限，加之编写时间紧迫，书中缺点和错误之处在所难免，恳请广大读者、同行与专家给予指正，并请提出宝贵意见和建议。

目　　录

第一章　作物种植理论

第一节　种子的含义与分类

一、种子的概念

种子在植物学上是指胚珠发育而成的繁殖器官，一般须经过有性繁殖过程。农业生产上的种子，也叫播种材料，是最基本的生产资料，其含义要比植物学上的种子广泛得多，凡是在农业生产上可直接利用作为播种材料的植物器官都称为种子。为了与植物学上的种子有所区别，后者称为"农业种子"更为恰当，但在习惯上，农业工作者为了简便起见，都笼统称为种子。目前世界各国所栽培的植物，包括农艺作物、园艺作物、牧草和森林树木等方面，播种材料大体上可分为以下三大类：

（一）真种子

真种子系植物学上所指的种子，它们都是由胚珠发育而成的，如豆类（除少数例外）、棉花及十字花科的各种蔬菜、黄麻、亚麻、蓖麻、烟草、胡麻、芝麻、瓜类、茄子、番茄、辣椒、苋菜、茶、柑橘、梨、苹果、银杏以及松柏类等。

（二）类似种子的果实

某些作物的果实成熟后不开裂，可以直接用果实作为播种材料，如禾本科作物的颖果。小麦及玉米等为典型的颖果，而水稻与皮大麦果实外部包有稃壳，在植物学上称为假果；向日葵、荞麦、大麻、苎麻为瘦果；伞形科为分果，如胡萝卜和芹菜等；山毛榉科（如板栗和麻栎）和藜科（如甜菜和菠菜）为坚果；苜蓿和鸟足豆为荚果；蔷薇科的内果皮木质化为核果等。在这些果实中，以颖果和瘦果在农业生产上最为重要。这两类果实的内部均含有一颗种子，在外形上和真种子也很类似，所以往往称之为"子实"，意为类似种子的果实。禾谷类作物的子实有时也称为"谷实"或"谷物"，而子实及真种子均可称之为籽粒。

（三）用以繁殖的营养器官

许多根茎类作物具有自然无性繁殖器官，如甘薯和山药的块根，马铃薯和菊芋的块茎，芋和慈姑的球茎，葱、蒜、洋葱的鳞茎等。另外又如甘蔗和木薯用地上茎繁殖，莲用根茎（藕）、苎麻用吸枝繁殖等。上述这些作物大多亦能开花结实，并且可供播种，但在生产上一般均利用其营养器官种植，以发挥其特殊的优越性，只有在进行杂交育种等少数情况下，才直接用种子作为播种材料。

从遗传育种的角度来说，作为品种资源予以保存以待利用的种子称为种质。通过人类长期的实践，当今世界上已拥有许多种质资源库和大量丰富的种质资源，其保存和研究利用是育种工作和农业生产持续发展无可取代和必不可少的基本条件。

（四）人工种子

人工种子是指将植物离体培养中产生的胚状体（主要指体细胞胚），包裹在含有养分和具有保护功能的物质中而形成，在适宜条件下能够发芽出苗，长成正常植株的颗粒体。也可称为合成种子、人造种子或无性种子。由于人工种子与天然种子非常相似，都是由具有活力的胚胎与具有营养和保护功能的外部构造（相当于胚乳和种皮），而构成适用播种或繁殖的颗粒体，因而得名为人工种子。由于天然种子的繁殖和生产受到气候季节的限制，并且在遗传上会发生天然杂交和分离现象，而人工种子在本质上属于无性繁殖，因此具有许多优点：

首先可使自然条件下不结实或种子很昂贵的特种植物得以快速繁殖。

其次是繁殖速度快，如用一个体积为 12L 的发酵罐，在 20 多天内生产的胡萝卜体细胞胚能制作 1000 万粒人工种子，可供几十公顷地种植。

另外还可固定杂种优势，使 F1 代杂交种多代使用等。

人工种子培育是随着组织培养技术的迅速发展，近年来才引起广泛重视的新领域。目前，人工种子尚处于研究阶段，但是，由于它具有许多植物种子不可比拟的优越性，必将给种子生产和作物育种带来巨大的变革。

二、种子的形态构造

（一）种子的外部形态

1. 形状

不同种类作物的种子形状差别很大，如水稻、小麦种子呈卵形；菜豆种子呈肾形；大豆、豌豆、白菜、油菜种子呈圆形；瓜类种子呈扁卵形；大麦种子呈纺锤形；荞麦种子呈三棱形；苜蓿种子呈螺旋形；葱的种子呈盾形等。种子的表面性状也不尽相同，有的富有光泽，如蚕豆、蓖麻；有的双翅如翼，如糖槭；有的着生茸毛如棉花、柳絮；有的则皱缩如甜玉米，或有疣状突起如苘麻。但是，同种作物的不同品种间种子形状差异相对不是太大。

2. 颜色

种子因含有不同的色素而呈现各种颜色和花纹，即使同一作物的不同品种之间差异也很明显，如玉米有黄粒、白粒、紫粒之分；大豆由于种皮颜色不同而分为黄豆、黑豆、青豆、褐豆、花豆等；小麦也有白皮与红皮两大类。

3. 大小

不同植物间种子的大小相差极为悬殊，最大的种子如复椰子果实最大的可达 15 千克。而斑叶兰的种子小得简直像灰尘一样，5 万粒种子只有 0.025 克重，1 亿粒斑叶兰种子才 50 克，人们至今还没有发现比这更小的种子。农作物中的大粒种子如花生要比烟草种子大得多。种子大小的表示方法一般有两种，一种是以种子的长、宽、厚表示，多用于种子的清选分级；另一种是以千粒重表示，多用来作为种子品质的指标和计算播种量。

种子的形状和颜色在遗传上是相当稳定的性状，是鉴别植物种和品种的重要依据。种子大小虽也属遗传性状，但易受环境条件的影响，即使是同一品种，在不同的地区和年份，种子的饱满程度也有较大差异。所以，一般不将其作为鉴别的性状。

（二）种子的解剖构造

尽管各类种子具有形形色色的外部形态，但从内部解剖构造上看，基本是一致的，所有的种子都是由皮层、胚、胚乳或子叶组成。

1. 皮层

皮层是种子外面包围的保护组织的总称，包括果皮、种皮及其表面的附属物等。因此，皮层的厚薄、颜色、表面状况、细胞结构的致密程度以及细胞内部所含的各种化学组分，都因作物种类而异，都会影响种子和外界环境条件的关系，并对种子休眠、寿命、发芽及加工、贮藏和播前处理发生直接或间接的影响。

果皮是由子房壁发育而成，分为外、中、内三层。种皮由珠被发育而成，分外种皮和内种皮，外种皮质厚、坚韧，内种皮多呈薄膜状。

一般种子的种皮上有许多痕迹，是进行种子鉴别的重要依据。由于种子的大小、形状不同，有的明显，有的肉眼很难看清，也有的因附近细胞发生变化而消失。在种皮上一般可见下列痕迹：

（1）发芽口

它是胚珠时期的珠孔，又称种孔。位置正对种皮下面胚根的尖端，是水分进入、胚根伸出的出口。

（2）种脐

种子附着在胎座上的部位，即种子成熟时从珠柄上脱落所留下的疤痕。有些种子的脐不明显，如禾本科作物的种子；有的种子的脐很明显，如豆科作物。

（3）脐条

又称种脊或种脉，它是倒生或半倒生胚珠从珠柄通到合点的维管束遗迹。

（4）内脐

是胚珠时期合点的遗迹，位于脐条的终点部位，稍成突起状。

（5）种阜

是指靠近种脐部位种皮上的瘤状突起。

2. 种胚

种胚是由受精卵发育而成的幼小植物雏体。一般可分为胚芽、胚轴、胚根和子叶四部分。

（1）胚芽

位于胚轴的上端，是分化叶、茎的原始体，其顶部是茎的生长点，田间出苗后发育成地上部分。成熟种子的胚芽，有些作物在生长点的基部已形成1~2片真叶，有的只有一团分生组织。

（2）胚轴

是连接胚芽和胚根的过渡部分，位于子叶的着生节以下的部分，称为下胚轴；子叶着生节以上的胚轴，称为上胚轴。

（3）胚根

又称种子根，位于胚轴的下部，有 1 至多条不等，主根又称作主胚根。胚根萌发后发育成植株的地下部分。禾本科植物胚根外包一层薄壁组织，称为胚根鞘。

（4）子叶

即种胚的幼叶。分单子叶（只有 1 片子叶）和双子叶（有 2 片子叶），因此植物也分为单子叶植物和双子叶植物。但裸子植物的种子常常是多子叶的。

3. 胚乳

贮藏养分的组织，分为内胚乳和外胚乳。内胚乳是由极核受精发育而成，大多数有胚乳种子属于此类；外胚乳是由于在种子发育过程中内胚乳被消耗后由珠心层发育而成。有些植物的种子在发育过程中胚乳被胚所吸收殆尽，形成无胚乳种子，如大豆不含胚乳，但养分大部分贮藏在胚内的子叶中。

4. 种子表面附属物

有些作物的种子除皮层、胚和胚乳外，还被有茸毛、颖壳等。这些附着在皮层上面的物质统称为种子的附属物。如小麦种子顶端生有茸毛称冠毛；甜菜的种子外面被木质化的花萼所形成的花被包裹，起到保护种子的作用；棉花的种子外面密布纤维和短绒，是由一部分珠被的外表皮细胞尖端延伸而成的，先伸长的成为长纤维，开花三天后伸长的即为短绒；水稻种子表面的颖壳；等等。

三、种子的植物学分类

种子在植物学上的分类方法有两种，一种是以胚乳的有无进行分类，一种是根据种子的形态特征进行分类。

（一）根据胚乳有无进行分类

1. 按单双子叶分

（1）单子叶有胚乳种子

如禾本科作物种子小麦、水稻、玉米。

（2）双子叶有胚乳种子

如蓼科的荞麦、大戟科的蓖麻、藜科的甜菜等。

2. 按胚乳的来源分

（1）内胚乳发达的有胚乳种子

种胚只占种子的少部分，大部分为内胚乳，如禾本科、大戟科、蓼科的农作物种子。

（2）外胚乳发达的有胚乳种子

此类种子在形成过程中消耗了所有的内胚乳，外胚乳保留下来，如藜科、苋科的农作物种子。

（3）内外胚乳同时存在的种子

此类种子既有内胚乳又有外胚乳，这类作物较少，只有胡椒、姜等。

3. 无胚乳种子

此类种子在发育过程中，胚乳中的营养物质大都转移到胚中，因而有较大的胚，子叶尤其发达，胚乳不复存在，有些植物种子的胚乳没有消失而有少量残留。无胚乳种子主要包括豆科、十字花科、菊科等作物。

（二）根据植物形态学分类

从植物形态学的角度来看，同一科属的种子常具有共同特点。根据这些特点，可以把种子分为以下五大类：

1. 包括果实及其外部附属物

禾本科：颖果，外部包有稃（即内外稃或称内外颖，有的还包括护颖），植物学上把这类物质归为果实外部的附属物。属于这一类型的禾本科植物如稻、皮大麦、皮燕麦、薏苡、粟、苏丹草等。

藜科：坚果，外部附着花被及苞叶等附属物，如甜菜、菠菜。

蓼科：瘦果，花萼不脱落，成翅状或肉质，附着在果实基部，称为宿萼，如荞麦、食用大黄。

2. 包括果实的全部

禾本科：颖果，如普通小麦、黑麦、玉米、高粱、裸大麦、裸燕麦。

棕榈科：核果，如椰子。

蔷薇科：瘦果，如草莓。

豆科：荚果，如黄花苜蓿。

大麻科：瘦果，如大麻。

山毛榉科：坚果，如栗、槠、栎、槲。

伞形科：分果，如胡萝卜、芹菜、茴香、防风、当归、芫荽等。

菊科：瘦果，如向日葵、菊芋、除虫菊、苍耳、蒲公英、橡胶草等。

睡莲科：坚果，如莲。

3. 包括种子及果实的一部分（内果皮）

蔷薇科：桃、李、梅、杏、樱桃、梨、苹果、枇杷。

桑科：桑、楮。

杨梅科：杨梅。

胡桃科：胡桃、山核桃。

鼠李科：枣。

五加科：人参、五加、西洋参。

4. 包括种子的全部

石蒜科：葱、洋葱、韭菜、韭葱。

樟科：樟。

山茶科：茶、油菜。

梭树科：黄麻。

锦葵科：棉、洋麻、苘麻。

葫芦科：南瓜、冬瓜、西瓜、甜瓜、黄瓜、葫芦、丝瓜。

番瓜树科：番木瓜。

十字花科：油菜、甘蓝、萝卜、芜菁、芥菜、白菜。

苋科：苋菜。

豆科：大豆、菜豆、绿豆、小豆、花生、豌豆、蚕豆等。

亚麻科：亚麻。

茄科：茄子、烟草、番茄、辣椒。

旋花科：甘薯、牵牛花、蕹菜。

5. 包括种子的主要部分（种子的外层脱去）

银杏科：银杏。

苏铁科：苏铁。

第二节　种子的物理性质

一、种子的大小及粒重

（一）种子的大小

种子的大小有两种表示方法，一种是以种子的长、宽、厚表示，这种表示方法在种子的清选分级上有重要意义；另一种是以千粒重表示，多用来作为种子品质的指标和计算播种量的依据。不同植物的种子大小相差悬殊。如种子的长、宽、厚分别用 a、b、c 之间的关系大致说明种子的形状。

a>b>c 种子呈扁长形：如小麦种子。

a>b＝c 种子呈圆柱形：如小豆种子。

a＝b>c 种子呈扁圆形：如野豌豆。

a＝b＝c 种子呈球形：如豌豆。

（二）粒重

通常大粒种子用百粒重、小粒种子用千粒重来表示。种子的粒重因作物种子的大小差异很大，如大粒花生种子的千粒重可达 1000g 左右，而烟草种子的千粒重仅有 0.06 ~ 0.08g。一般稻麦种子的千粒重在 20~50g。检验种子千粒重的样品种籽粒数，一般根据籽粒大小而定，大粒种子如玉米、大豆数 500 粒为一份试样；中粒、小粒种子如高粱、谷子等每份试样为 1000 粒，小粒种子亦可称取 10g 种子计数，再换成千粒重。

二、种子的容重和比重

（一）种子的容重

种子的容重是指单位容积内所含种子的重量，单位 g/L。

种子容重的大小与种子颗粒的大小、整齐度、形状、表面特性、内部结构、含水量、化学成分以及混杂物的种类和数量等有密切关系。凡是种子颗粒小、外形圆滑、内部结构充实致密、含水量低、含淀粉和蛋白质较多，并混有无机杂质的，容重较大；反之则小。

种子容重的大小可以作为判定种子质量的参考依据，还可以根据种子容量的大小测得已知重量种子的体积或已知容积的重量，以便贮存和运输中安排所需的仓容和运力等。

（二）种子的比重

种子的比重是指种子的绝对重量和绝对体积之比值。不同作物或同一作物不同品种因形态结构、组织细胞的致密程度和化学成分不同而比重不同，即使同一品种也因成熟度和充实度的差异而变动。一般来说，作物种子的成熟度越高，内部营养物质累积越多，因而比重越大，但油料种子却相反，成熟度越高，比重越小。种子的容重和比重一般呈直线正相关。种子的比重在种子分级清选中有重要作用。

三、种子堆的散落性及自动分级

（一）种子堆的散落性

种子堆的散落性是指种子由高处自由下落时，向四面流散的性能，可用种子的静止角和自流角表示。

种子静止角是指种粒在不受任何限制和帮助下，由高点自由落到水平面上所形成的圆锥体的斜面和其底面直径构成的夹角。

种子自流角是指当种子堆放在其他物体的平面上，将平面的一边向上慢慢提起形成一斜面，此时斜面与水平所成的角亦随之逐渐增大，达到一定限度时，种子就开始在斜面上滚动，直到绝大多数种子已经滚落为止。即种子在斜面上开始滚动的角度和绝大多数种子滚落时的角度为种子的自流角。

种子的静止角和自流角的大小，在一定程度上表示了种子的散落状况。静止角大的散落性小，反之散落性大。不同作物的种子，种粒大且表面光滑呈球形的散落性大，反之则小。

同一作物的种子，因含水量和轻浮杂质的多少而明显不同，含量多的种子颗粒间摩擦力增加，静止角增高，散落性变小。

（二）种子堆的自动分级

种子堆的自动分级是指种子在移动或散落的过程中，不同质量的种粒、杂质会因比重不同在不同部位发生重新分配和聚散的现象。种子堆内的种子组成较杂，既有饱满的也有瘦秕的种子，既有完整的也有破碎的种子和杂质等。因此当种子堆移动时，性质相似的组成部分要聚集于同一部位，而失去种子堆原来的均匀性，结果使得种子堆中各组成部位因受外界环境条件和本身物理性质的综合作用而发生重新分配，使得不同部位的种子在品质和成分上增加了差异。

生产上可以利用种子堆的自动分级原理来制造清选工具，如筛子的旋转运动或前后摆动而将比重不同的种子和杂质分离等。种子堆自动分级降低了种子堆各组成部分的均衡性，吸湿性增强，引起回潮发热以及仓虫和微生物的活动，不利于种子的安全贮藏，影响种子取样的代表性和检验结果的准确性等。

四、种子的吸附性和吸湿性

（一）种子的吸附性

种子的吸附性是指种子吸附各种气体、异味或水蒸气的性能。种子中含有多孔性毛细管结构的生物胶体，具有吸附其他物质气体分子的能力。当种子与挥发性农药、化肥、汽油等贮藏在一起时，种子的表面和内部将逐渐吸附此类物质的气体分子，且气体浓度越高，贮藏时间越长，吸附量越大。

吸附作用因吸附的深度不同分为吸附、吸收、毛细管凝结和化学吸附四种形式。当一种物质的气体分子凝缩在种子胶体表面称吸附；气体分子进入毛细管内部而被吸着称吸收；气体分子在毛细管内达到饱和状态开始凝结而吸收称毛细管凝结；当气体分子与种子内部的有机物质发生化学反应，形成不可逆状态时，称为化学吸附。前三种吸附形式常会同时存在，很难严格进行区分。

种子在一定条件下能吸附气体分子的能力称为吸附容量，而在单位时间内能够吸附的气体数量称为吸附速度。被吸附的气体分子从种子表面或毛细管内部释放到空气中，为吸附作用的逆转，称为解吸作用。种子堆内种子和周围环境间的吸附和解吸过程同时存在，如条件衡定，这两个相反过程可达到平衡状态，即单位时间内吸附和释放气体的数量相等。

影响种子吸附能力的因素有以下方面：

一是种子的形态结构。表面粗糙、多皱、组织疏松、含蛋白质多的种子，吸附力较强，反之较弱。

二是吸附的表面积大小。籽粒的有效吸附表面积大则吸附力强，反之则弱。

三是气体浓度。在温度不变时，气体浓度增加，吸附量增加，当气体浓度增加到一定范围时，吸附量逐渐减弱，达到稳定。

四是气体性质。当温度、气体浓度一定时，沸点较高、易凝结的气体易被吸附，易与种子成分起化学反应的气体，也易发生化学吸附。

五是温度。吸附是放热过程，当气体被吸附于种子表面的同时，伴随放出一定的热量，称为吸附热。解吸则是吸热过程，气体从种子表面脱离时，需吸收一定的热量。在气体浓度不变的条件下，温度下降，放热过程加强，有利于吸附的进行，促使吸附量增加；温度上升，吸热过程加强，有利于解吸的进行，吸附量减少。熏蒸后在低温下散发毒气较为困难，原因就在于此。

（二）种子的吸湿性

种子的吸湿性是指种子对水汽吸附和解吸的性能，是种子吸附性的一种表现。种子的吸湿性与种子的化学成分和细胞结构有关。种子含亲水胶体较多的吸湿性强，含油脂较多的吸湿性弱。另外禾谷类作物种子的胚部因含较多亲水胶体物质，其吸湿性大于胚乳部分。

种子平衡水分是衡量种子吸湿性动态变化的主要指标之一。由于种子具有吸湿性，它的含水量总是随环境中的温、湿度改变而不断地变化着。当种子处密闭容器中或温、湿度一定的条件下时，经过一段吸湿或解吸的过程，种子内部与外部的水汽压会趋于平衡，单位时间内种子吸湿与解吸的水汽分子相等，这种吸湿与解吸的动态平衡状态称为"吸湿平衡"。处于吸湿平衡状态的种子含水量叫平衡水分。在温度不变时，平衡水分与相对湿度呈正比，即空气相对湿度大，种子平衡水分则大，空气相对湿度小则平衡水分小；在相对湿度不变时，平衡水分与温度呈反比；在温、湿度不变时，种子的平衡水分因作物不同而异。

五、种子的导热性和热容量

（一）种子堆的导热性

种子堆的导热性是指种子堆传递热量的性能。种子堆内部热能的传导方式有两种：一方面是靠籽粒间彼此直接接触的相互影响而使热能逐渐转移，进行速度非常缓慢；另一方面是靠籽粒间隙里的气体的流动而使热能转移。这在一般情况下，由于种子堆内阻力大，气体流动慢，因此热能的传导也受到很大限制。但在某些情况下，如种子通过烘干设备或进行强烈通风时，空气在种子堆里以高速度连续对流，则热能的传导过程发生剧烈变化，传导速度加快。

种子导热性能的强弱用导热率表示。种子导热率是指单位时间内通过静止的种子堆单位面积的热量。为了计算种子的导热率，须测定种子的导热系数，种子的导热系数指 1 米厚的种子堆，当表层与底层的温差达 1℃ 时，在每小时内通过该种子堆每平方表层面积的热量。单位为 kcal/m·h·℃。作物种子的导热系数一般都比较小，大多数在 0.1~0.2，并随种温和水分而有增减。在相同温度下，水的导热系数大于空气，因此在不通风时种子温度高，导热快，易随外界温度的变化而变化，不易贮藏。

（二）种子堆的热容量

种子的热容量是指 1kg 种子升高 1℃ 时所需的热量，其单位为 kcal/kg·℃。种子的热容量大小决定于种子的化学成分及各种成分的比率。种子中各组分的热容量不同，水的热容量（0.4kcal/kg·℃）最大，因此水分含量高的种子其热容量也大。种子的热容量是种子的干物质的热容量与水分的热容量之和。

六、种子堆的密度和孔隙度

种子装在一定容量的容器中，其所占的实际容积仅仅是其中一部分，其余部分为间隙，充满着空气或其他气体。如果用百分率来表示的话，那么种子所占实际容积为种子密度，其余部分的间隙为种子孔隙度，两者之和恒为 100%。因此种子密度与种子孔隙度是两个互为消长的物理特性。一批种子具有较大的密度，其孔隙度就相应小一些。

种子的绝对体积所占百分率就是种子密度，而种子颗粒间全部孔隙所占百分率为种子孔隙度。种子密度与孔隙度这一特性在种子贮藏实践中有利有弊，一般来讲，种子孔隙度大，有利于种子贮藏期间的通风及药物熏蒸，但如果由于种子堆含杂率高所致孔隙度大的话，因为杂质本身带有许多微生物，且它们往往吸湿性较强，故会引起种子堆的发热与霉变而导致种子生活力丧失，这就成为不利因素。如果种子密度大，对种子仓容量的利用也大，仓库可多存放种子。但因密度大的种子一定孔隙度较小，这就不利于贮藏期间通风及药物熏蒸工作。

第三节　种子的形成、发育和成熟

一、种子的形成和发育

生产出量多质优的作物种子，是一切种子工作的基础。了解种子形成和生长发育规律，为其创造良好的生长环境，是种子生产的保证。

（一）花的构造

要阐明种子产生过程，必须了解花的构造。禾谷类作物如小麦、水稻、高粱、谷子的花均由五部分组成，即1枚外稃（外颖）、1枚内稃（内颖）、2枚浆片（鳞片）、3或6枚雄蕊、1枚雌蕊所组成。豆类作物的花为蝶形花，萼片上部五裂，下部合成杯状，有2片小苞叶，花冠5瓣，最上方的一片为旗瓣，比其他4片都大；两侧的2片为翼瓣，下方的2片边缘联合为龙骨瓣，龙骨瓣包被着雄蕊和雌蕊，雄蕊10枚，有9枚在基部联合成管状，另一枚分离，称为［（9）+1］的二体雄蕊；雌蕊1枚，柱头上有茸毛，子房周围密生茸毛，子房上位，一室，内含一个至十几个胚珠。不同科属的作物花的构造是有区别的。

（二）授粉和受精

当花的雄蕊成熟之后，花药开裂散出花粉，借助风力或借助其他媒介传到雌蕊柱头上，这一过程称为授粉。花粉落到柱头上之后，在适宜温度和湿度条件下以及柱头分泌物的诱导作用下，花粉粒萌发伸出花粉管，花粉管内形成一个营养细胞和2个精子。各种作物授粉时所要求条件是不一致的，例如水稻授粉时要求空气湿度达到70%~80%，适宜温度为28℃左右，并且必须要求雌花柱头为花粉萌发提供充足的水分、糖类等营养物质进行诱导。而玉米授粉时要求的空气湿度是60%~70%，适宜温度是25℃左右。雌雄性细胞成熟之后，经过授粉作用，精子与卵细胞互相融合，这一过程称为受精。营养细胞在花粉管的先端移动，起先驱作用。花粉管通过花柱进入子房内部，其中生活力最强的花粉粒所长出的花粉管伸长最快，首先到达珠孔，由珠孔穿过珠心后进入胚囊，由生殖核一次分裂形成两个雄核（精子）先后滑到胚囊中，其中一个与卵结合在一起而形成合子，另一个与两个极核结合形成原始的胚乳细胞，这两种融合称为双受精现象，它是被子植物独有的有性生殖方式。

农作物从授粉到受精所需时间，因作物种类和气候条件不同有很大差异。研究表明，水稻约需 18~24 小时，小麦 36~48 小时，花生只需 6 小时。如外界条件不宜，时间将会延长。

（三）种子发育的一般过程

就有性生殖而言，种子的发育过程如下：

1. 胚的发育

受精后的合子经过多次分裂，在顶部形成胚芽，基部形成胚根，胚芽和胚根之间称为胚轴。成熟后的胚，一旦条件适宜，即可形成根、茎、叶，所以人们普遍认为，胚是幼小的植株，它包括了成年植株的全部构造。

胚根又称种子根或初生根，其主根又称作主胚根，还有一至多条初生不定根。胚根位于种子基部，根尖部分有分生组织，种子发芽时，主胚根首先伸长，然后初生不定根形成。

胚芽是作物茎叶的原始体，其上部是茎的生长点，禾谷类作物的胚芽由 3~5 片幼叶所组成，最外一片叶为胚芽鞘，胚内的外子叶退化，内子叶即子叶，又称盾片。内子叶具有吸收和分泌酶的功能，除此外含有未发育的原始叶，发育后成为地上部分主要的同化器官。由于禾谷类作物只有一片子叶，故称为单子叶植物。双子叶植物，如大豆具有二片肥厚的子叶，贮藏着丰富的蛋白质和脂肪，两片子叶中间是胚芽，子叶能起到保护胚芽的作用。

2. 胚乳的发育

胚乳发育是从初生胚乳细胞开始的。根据胚乳细胞发育的特征，可分为核型胚乳、细胞型胚乳和沼生目型胚乳三种。被子植物常见的胚乳发育形式是核型胚乳，其特点是初生胚乳核分裂初期在胚囊内形成大量游离核，此后各个核之间发生隔膜，形成很多薄壁细胞，这些细胞继续分裂发育成为胚乳。

胚乳细胞发育到后期，通常是等径的薄壁细胞，其内充满贮藏物质。禾本科作物胚乳最外层的一至数层细胞排列整齐且充满糊粉粒，称为糊粉层。糊粉层一方面可贮藏养分，但更重要的是分泌酶使胚乳中的物质变为可溶状态而供胚利用。

3. 种皮的发育

当胚和胚乳逐渐发育之后，珠被细胞也不断变化和生长，形成种皮包在胚和胚乳外面，起着保护作用。由于作物不同，珠被有一层或二层不等。水稻、小麦种皮是由内珠被发育而来。大豆、菜豆的种皮由外珠被发育而来。油菜、蓖麻则由外种皮和内种皮所构成，故油菜和蓖麻的种子是由两层珠被发育而来的。一般外种皮较厚，由木质化的厚壁细胞所形成，如豆类种皮是外种皮，所以种皮较厚。而内种皮则薄又柔，如水稻、小麦和花生的种皮属于这种类型。谷类作物除了具有种皮外，它还有果皮，果皮由子房壁发育而成，与种子的种皮紧紧愈合在一起很难分离，故又称为皮层，这种类似种子的果实通称为颖果。

二、种子的成熟

作物种子的成熟过程是作物生长发育的重要阶段，它不仅是决定作物产量的重要阶段，而且还决定着种子的品质。种子成熟程度好坏很大程度上影响着种子的化学成分、生活力的强弱、贮藏性以及种子寿命的长短，等等。因此了解种子在成熟过程中的变化规律，以及影响变化的外在因素，并根据它们之间的关系采取适当促控技术，对提高种子的产量和品质，对良种繁育和作物栽培都具有重要的意义。

（一）种子成熟的概念

种子成熟应该包括两方面的含义，即形态上的成熟和生理上的成熟。在形态上表现出某一品种固有的特征，在生理上具有发芽能力，只有具备了两方面的条件才是真正的成熟。有些作物种子在形态上成熟的同时，胚的发育也具备了发芽的能力，两方面的成熟基本上是一致的。但也有些作物种子如稻、麦等，在乳熟期胚就具备了发芽力，但整个种子还没有达到形态上成熟；还有些作物种子如大麦、燕麦、高粱等，形态上达到成熟时却没有发芽能力，这两者均不能叫真正的成熟。

真正种子成熟应具备以下特点：

一是颜色变化。整个植株由绿变黄，种子呈现本品种固有的色泽，同时种皮坚韧，种子变硬。

二是含水量下降。种子发育阶段含水量高达 60%~80%，成熟期含水量明显下降，玉米为 25%~40%，高粱、麦类和大豆等降至 20%~30%。

三是种子干重最大。营养物质向种子中输送和积累停止，种子干重不再增加，千粒重达最高值。

四是发芽率与活力最高。种子发芽率与活力达到最高值，休眠的种子以破除休眠后的发芽率为依据。

五是生理生化指标。发育中的种子酶活性很高，种子成熟时，酶活性明显降低，呼吸作用及各种生化作用明显减弱。

六是形成黑层。如玉米、高粱等作物种子成熟时，在种子基部剥除尖冠呈现黑层。玉米种子的黑层是在尖冠与胚联结处形成的，剥去尖冠即可露出黑层，这也是种子成熟的标志。

在作物群体中，不同个体或果穗上种子成熟的时间很不一致，即使同株同穗，成熟的先后也有差异。因而必须掌握种子成熟的适期，做到适期收获，才能得到最多最好的种子。

（二）种子发育成熟过程中的物质转化与积累

1. 糖类

禾谷类作物种子中糖类占种子干重的60%~80%，当种子开始形成发育时，贮存在茎叶中的糖类亦逐渐流向种子。经测定，禾谷类作物种子在抽穗后约有60%~80%的糖分来自茎叶，可见植株后期的同化作用是决定产量和种子品质的关键。

在种子成熟期间，糖分不断转变，不溶糖含量下降，而淀粉增加。从黑麦成熟过程中的变化情况看，可溶性糖在乳熟初期占43.87%，乳熟期占19.96%，蜡熟期为7.14%，完熟期为4.53%，而不可溶性糖在乳熟初期为16.72%，乳熟期40.68%，蜡熟期55.62%，完熟期61.03%，说明在黑麦成熟过程中亦符合上述提出的转变规律。

淀粉在种子中的积累是不平衡的，谷类作物种子淀粉的形成，先是果皮中充满淀粉粒，然后才转移到胚乳中去。小麦胚乳中的淀粉，开始时期以腹沟两边为多，后来逐渐向整个胚乳充实，胚到成熟时不存在淀粉。

2. 蛋白质的变化

蛋白质是由非蛋白质态氮的化合物转化而来的。种子中蛋白质合成有两种方式：一种是由流入的氨基酸直接合成为蛋白质；另一种是氨基酸进入种子后，先进行脱氨作用，分解出的氨再与α-酮酸合成新的氨基酸，进而合成蛋白质。小麦种子中的含氮率从成熟初期到完熟期逐渐变低，随着成熟度的提高，非蛋白质态氮不断下降，而蛋白质态氮不断地增加，也说明了种子中的蛋白质态氮是由非蛋白质态氮转化而来的。

豆类作物种子在成熟过程中，先在茎叶中合成蛋白质贮藏起来，以后以酰胺的状态输向种子中，转化为氨基酸后再形成蛋白质。

随着豆类作物种子的成熟，盐溶性蛋白质有所增加，而碱溶性蛋白质却降低。禾谷类作物种子成熟过程中，水溶性及盐溶性蛋白质降低，而醇溶性及碱溶性蛋白增加，因此对禾谷类作物来说，不仅蛋白质数量随着种子成熟而增多，而且品质亦不断地改善。

成熟的种子内部，也有游离状态的氨基酸，这些游离态氨基酸为种子萌发最初阶段的需要提供了可利用的营养物质来源。

3. 脂肪的变化

种子在形成过程中，一般是糖分先积累，然后才是脂肪和蛋白质积累，且随含油量的迅速提高，淀粉、可溶性糖的含量相应下降，因此认为脂肪是从碳水化合物转化而来。

种子脂肪的积累因作物而不同，大豆种子脂肪积累不是特别集中，油分积累相当均匀地进行；芝麻种子的脂肪积累，大约在受精后三周即可达到最高值，到第四周干物质累积达到了最高值。因此，芝麻种子在受精后四周内是发育的重要时期。芝麻成熟后易掉荚落粒，故在不影响脂肪和干物质积累的前提下，可以适当提早收获。

4. 酶的变化

种子成熟过程中，可以测得氧化还原酶十分活跃。最初酶存于绿色的茎叶中，当种子开始发育，酶由不活跃状态逐渐转化为活跃状态流向种子，例如，蛋白酶开始催化氨基酸趋向合成蛋白质。

种子到完熟期，酶促反应又趋向降低。因为，种子成熟后，水分由于强烈的蒸腾作用向外散失，种子含水量逐渐地降低，基于缺少水分的原因，迫使酶活动停止。因此，完熟期使水解作用降低到最低限度。

（三）环境条件对种子发育、成熟的影响

种子成熟的快慢和温度、湿度、营养条件及病虫害等有着密切的关系。这些条件能促进种子成熟的提前，亦能使成熟延后，更重要的能直接引起种子内部化学成分的变化，所以当了解种子发育过程和化学成分合成时，必须了解外界条件对它的影响，以便创造适宜条件获得既高产又优质的种子。

1. 温度

种子在形成发育和灌浆阶段要求天气晴朗，温度较高，在这种条件下，光合作用旺盛，积累物质增多，有利于正常的代谢和物质转化。例如，玉米种子形成至成熟阶段，最

适宜玉米生长的日平均温度为 22~24℃。在此范围内，温度越高，干物质积累越快，千粒重越大。当温度低于 16℃，玉米的光合作用降低，淀粉酶的活性受到抑制，影响淀粉合成、运输和积累，导致粒重降低，影响产量。

在低温条件下，茎叶中光合产物向籽粒中运转速度减慢，由于缺少足够的营养物质，直接影响多糖、蛋白、脂肪等进一步的合成，所以在低温的年份，不仅成熟期延长，而且出现秕粒，严重地影响产量和品质。

农业生产经常强调，在选择作物品种时，必须根据当地的自然条件、无霜期长短选用适合本地种植的品种，其目的就是要防止低温冷害或早霜对种子灌浆过程、成熟的影响。特别是种植喜温作物时更要慎重，例如水稻、玉米、高粱等。

高温会影响酶的活性，使酶活性降低，细胞机能过早衰退，因此降低了营养物质向种子运输和转化的速度和效率。高温又低湿条件下，往往叶茎过早地枯萎、早衰，造成枯熟，籽粒灌浆不足，粒小、千粒重降低。所以，在作物种子灌浆过程中，要根据作物的要求，创造条件使种子顺利成熟。

2. 湿度

湿度是指空气湿度和土壤的含水量，这些综合条件对种子的发育都有十分重要的影响。种子灌浆过程要求空气湿度为 70%~80%，土壤含水量不超过 20%，雨水不要多，但又不能干旱，否则会引起晚熟或枯熟，使产量降低。

当空气湿度低、干旱，特别是灌浆过程遇到干热风，土壤水分不足时，细胞内缺乏水分，使茎叶流向种子的溶液减少，严重时中断，由于输入物质不足形成籽粒皱缩不饱满。

空气湿度过高，雨水太多，此时叶面蒸腾作用缓慢，种子向外蒸腾受到了阻碍，同样使运输物质的速度减缓，酶的活性减弱，物质脱水，故种子发育不好。

当土壤水分过多时，土壤缺少氧气，影响根系正常的呼吸作用，由根吸收来的物质输运到茎叶的量减少，所以影响种子发育，涝洼地作物成熟期土壤水分太多，往往造成涝害，降低产量。

3. 营养条件

（1）氮肥

氮肥能促进叶绿素和蛋白质的形成，增强光合作用，有利于细胞的增长和分裂。增大种子体积、增加内含物，使其饱满，有利于粒重增加。但施氮不能过多，氮肥过多，会造成茎叶过分生长，当营养物质多数供茎叶生长，而不向籽粒转移时，则导致物质积累延迟，使植株成熟期延长，故容易遭霜害而减产。反之氮素肥料施用过少，叶色黄绿，造成老苗植株体内养分缺乏，则使成熟提前，籽粒不充实，从而造成减产。

（2）磷肥

在作物矿质营养中，磷是磷酸化酶的组成部分。磷酸化酶活跃时，能促进淀粉的合成，因为淀粉合成过程可使禾谷类作物穗中的糖分数量降低，同时促使茎叶中的糖向穗中转移，所以施用有机磷能促进早熟，增加粒重，使籽粒饱满充实，从而提高单位面积产量。

（3）钾肥

钾肥能加快作物体内新陈代谢过程，提高光合强度，促使碳水化合物的合成和转化。缺钾时，作物糖类的移动受阻，此时由于叶茎中糖分过多地积累，而种子却得不到足够糖，使干物质减少，种子的千粒重随之降低。

第四节　种子萌发

一、种子萌发的概念

种子作为作物生活周期中的一个重要环节，在繁殖体系中占有重要地位。因为作物体所有的遗传信息全部编入种子中，并通过种子维持其遗传特性。具有生命力并度过休眠的种子，在适宜的水分、温度、氧气等条件下萌发，开始其生活周期的新历程。

有活力的种子经过休眠之后，在适宜条件下，内部生理代谢活化，幼胚生长成苗的现象，称为萌发。

二、种子萌发的过程

（一）由胚珠或子房形成的种子的萌发

这类种子的萌发大致分为三个阶段，即吸胀、萌动和发芽。

1. 吸胀过程

构成种子细胞质的蛋白质、核酸以及细胞壁中的纤维素、半纤维素、果胶物质等亲水胶体上的亲水基，能吸附和吸引水分子，使处于凝胶状态的原生质逐渐恢复到溶胶状态。这个吸水膨胀达饱和的过程是物理过程，不具有生活力的种子也可进行。

2. 萌动过程

当具有生活力的种子吸水达到饱和时，首先各种酶开始活跃，激发活性，呼吸作用明显增强，呼吸产生的能量提供了生命活动的动力，贮藏物质中的蛋白质、碳水化合物、脂肪分别水解为氨基酸、可溶性糖、甘油和脂肪酸等，这些可溶性的物质被运送到胚部供其吸收利用。一部分是用于呼吸消耗，一部分用于构成新的细胞，使胚生长。由于胚细胞不断增多，体积也增大，顶破种皮，称为萌动（露白）。萌动后胚根首先突破种皮向土中伸入。

3. 发芽过程

种子萌动后胚根和胚芽继续生长，当胚根的长度与种子长度相等，胚芽长度约为种子长度的 1/2 时，叫种子发芽。种子发芽后，胚根和胚芽继续生长，逐步分化成根、茎、叶，长成能够独立生活的幼苗。

（二）无性繁殖材料的发芽

在种植业中，通过无性繁殖的主要作物有甘薯（块根）、马铃薯（块茎）和甘蔗（茎节）等。甘薯的块根薄壁细胞（主要是中柱薄壁细胞）分化形成的不定芽原基在适宜条件下发育，突破周皮而发芽。马铃薯、甘蔗的发芽，则是芽眼或茎节上的休眠芽，在适宜条件下伸长并长出枝叶。这类以根、茎为繁殖材料的作物发芽有以下共同点：一是均可萌发两个以上的芽，形成一种多株，以后可分离成独立的植株；二是都具有顶端优势，即块根或块茎顶部和上部茎节上的芽先萌发，依次向下，在多芽情况下，下部芽常受上部芽的抑制而不萌发或萌发缓慢。另外块根或块茎内含水较多，所以没有典型种子萌发时的吸胀过程，只要有一定的温度、氧气和湿度条件即可发芽。

三、种子萌发的条件

种子要萌发，必须有两个基本条件：一个是种子要度过或解除休眠；一个是有适宜的环境条件。就环境条件而言，主要是温度、水分和氧气三个因素。

（一）温度

通常把种子能够萌发的低限温度称为发芽的最低温度；把种子萌发最快的温度称为最适温度；超过最适温度，萌发受抑制的高限温度称最高温度。各种作物种子萌发对温度的要求有最低点、最适点和最高点之分，称为作物种子萌发对温度要求的三基点。

温度对种子萌发的作用，主要基于温度影响种子内酶的催化活性。温度低时，酶促反应慢，温度过高则酶易失去催化活性。

作物种子萌发对温度要求的三基点，是种植业生产上作物适时播种的主要依据。发芽的最低、最适温度因作物种类不同差异明显。如小麦的最低发芽温度为 1~2℃、玉米为 6~7℃、水稻为 10~12℃、棉花为 10~12℃、油菜为 3~8℃、花生为 12~18℃。又如小麦的最适发芽温度为 15~20℃、玉米为 25~30℃、水稻为 25~30℃、棉花为 25~30℃、油菜为 16~20℃。发芽受抑的最高温度在作物间差异不大，一般为 35~40℃。在生产中，变温条件有利于种子的发芽，如烟草、茄子，给予 20~30℃的变温处理可提高发芽率。

在最适温度下，种子发芽快，但不一定健壮。种子的健壮萌发温度一般应低于最适温度，称之为协调最适温度，是生产上决定播种期的重要依据。

（二）水分

一般成熟、风干贮藏中的种子，水分含量都很低（10%~12%），种子的代谢活性明显受到抑制。因此，许多种子在萌发时要求大量的水，以使处于凝胶状态的原生质逐渐恢复到溶胶状态，并使贮藏物质降解，转运到生长部位。种子吸胀、酶的活化需要水分，胚的生长也要水分，水分不足种子就不可能萌发。

不同作物种子发芽时对水分需求不同，一般含蛋白质多的种子因蛋白质亲水性较大，萌发时吸水量较大，如大豆种子萌发时吸水达到种子重量的 120%左右。含淀粉量多的种子萌发时吸水量较小，约为种子重量的一半或更低，如玉米种子萌发时要吸水（占其自身重量）37.3%~40%、水稻为 22.6%、小麦为 45.6%~60%。含脂肪较多的种子萌发时吸水量介于前两者之间，如油菜。

（三）氧气

种子发芽是胚根和胚芽的生长过程，需要靠呼吸作用或发酵氧化供给能量。在有氧呼吸时，须从外界吸取氧气。因此，大气中、土壤中或者水中的氧气含量对种子发芽有显著影响。如果氧气供应不足，正常的呼吸受阻，胚就不能生长。如把高粱、花生或棉花的种子完全浸没于水中，则往往不能发芽；水稻的种子在深水中，或不能发芽，或只长芽不长根，即不能进行正常生长。

另外，有些作物的种子发芽与光有关，光作为刺激反应，显示极显著的效果，如莴苣、紫苏、胡萝卜和芹菜等。

第二章 作物生长发育规律与环境

第一节 作物的生长发育与器官建成

一、作物的生长发育

（一）作物生长发育的概念

作物的一生中，有两种基本生命现象，即生长和发育。生长是指作物个体、器官、组织和细胞体积、重量和数量增加的量变过程，是一个不可逆的量变过程，它既包括营养体的生长也包括生殖体的生长。发育是指作物细胞、组织和器官的分化形成过程，也就是作物发生形态、结构、功能上的质变过程，有时这种过程是可逆的，由于细胞有序地进行一系列复杂的变化，形成了具有不同结构和机能的细胞、组织、器官。生长是发育的基础，发育是进一步生长的保证，二者互为前提交替推进。

（二）作物生长的一般过程

作物器官、作物个体、作物群体的生长通常是以大小、数量、重量的增加来度量的。这种生长随时间的变化一般呈"S"曲线生长方式，可细分为缓慢增长期、快速增长期、减速增长期、缓慢下降期。作物株高生长、作物产量形成、作物群体的物质积累、作物对养分吸收积累的过程等都经历前期较缓慢、中期加快、后期又减缓以至停滞衰落的过程，其生长过程呈"S"形曲线，可以选用 Logistic 曲线方程 $Y = K/(1 + ae^{-bt})$ 拟合其生长过程。曲线方程中 K 为最大生长量上限，a、b 为常数，e 是自然对数的底。

作物的群体、个体、器官、组织乃至细胞，它们的生长发育过程都是符合"S"形生长曲线的，这是客观规律；如果在某一阶段偏离了"S"形曲线的轨迹，或未达到，或超越了都会影响作物的生育进程和速度，从而最终影响产量。因此，在作物生育过程中应密切注意苗情，使之达到该期应有的长势长相，向高产方向发展。同时，"S"形曲线也可作为检验作物生长发育进程是否正常的依据之一。

各种促进或控制作物生长的措施，都应该在作物生长发育最快速度到来之前应用。例如，用矮壮素控制小麦拔节，应在基部节间尚未伸长前施用，如果基部节间已经伸长，再施矮壮素，就达不到控制该节间伸长的效果。同一作物的不同器官，通过"S"形生长周期的步伐不同，生育速度各异，在控制某一器官生育的同时，应注意这项措施对其他器官的影响。例如，拔节前对小麦施速效性氮肥，虽然能对小麦的穗形大小和小花分化起促进作用，但同时也能促进基部1~2个节间的伸长，易引起以后植株的倒状。

（三）作物的一生

作物的一生是指从种子萌发到产生新的成熟种子的整个过程。在作物的一生中，受自身遗传因素和环境因素的影响，作物在外部的形态特征和内部的生理特性上，都会发生一系列变化，根据这些变化，特别是形态特征上的显著变化，可将作物的整个生育期划分为若干个生育时期。根据作物生长发育特点，也可将作物的一生划分为三个生长阶段，又叫"三段生长"，例如，小麦的一生划分为营养生长阶段、营养生殖并进生长阶段和生殖生长阶段。

1. 作物的生育期

作物完成从播种到收获的整个生长发育所需的时间称为作物的生育期，以天数表示。对于以收种子为主的作物是指从种子出苗到作物成熟的天数。如棉花一般将出苗至开始吐絮的天数作为生育期。经常采用育苗移栽的作物，如水稻、甘薯、烟草等，通常还将其生育期分为苗床（秧田）生育期和大田生育期。对于以营养体为收获对象的作物，如麻类作物、牧草、绿肥、甘蔗、甜菜等，生育期是指出苗到产品适宜收获期的总天数。

2. 作物的生育时期

在作物的一生中，其外部形态特征总是呈现若干次显著的变化，根据这些变化，可以划分为若干个生育时期。目前，各种作物的生育时期划分方法尚未完全统一。几种主要作物的生育时期如下：

禾谷类：苗期、分蘖期、拔节期、孕穗期、抽穗期、开花期、成熟期。

豆类：苗期、分枝期、开花期、结荚期、鼓粒期、成熟期。

油菜：苗期、现蕾抽基期、开花期、成熟期。

甘薯：苗期、采苗期、栽插期、还苗期、分枝期、封垄期、落黄期、收获期。

马铃薯：苗期、现蕾开花期、结薯期、成熟期、收获期。

对于不利用分蘖的作物如玉米、高粱等，可不必列出分蘖期。为了更详细地进行说明，还可将个别生育时期划分更细一些。比如，开花期可细分作始花、盛花、终花三期；成熟期又可再分作乳熟、蜡熟、完熟三期；等等。冬小麦生育时期细划为更多的时期，如：出苗期、分蘖期、越冬期、返青期、起身期、拔节期、挑旗孕穗期、抽穗期、开花期、灌浆期、成熟期（乳熟期、蜡熟期、完熟期）。

3. 物候期

所谓物候期是指作物生长发育在一定外界条件下所表现出的形态特征，人为地制定一个具体标准，以便科学地把握作物的生育进程。作物生育时期是根据其起止的物候期确定的。如玉米、小麦的物候期。

（1）玉米

出苗：幼苗第一真叶展开的日期。

拔节：植株基部开始伸长，节间长度达1cm的日期。

大喇叭口：植株可见叶与展开叶之间的差数达5cm、且上部叶片呈现大喇叭口形的日期。

抽雄：植株雄穗尖露出顶叶3~5cm的日期。

吐丝：植株雌穗花丝露出苞叶的日期。

成熟：植株果穗中部籽粒乳线消失，籽粒基部出现黑色层，并呈现出品种固有颜色和色泽的日期。

（2）小麦

出苗：第一片真叶出土2~3cm的日期。

三叶：三片真叶展开的日期。

分蘖：第一个分蘖露出叶鞘1cm的日期。

拔节：第一伸长节间露出地面约2cm的日期。

抽穗：麦穗顶部（不包括芒）露出叶鞘的日期。

开花：雄蕊花药露出的日期。

乳熟：胚乳内主要为乳白色液体的日期。

蜡熟：胚乳内呈蜡状，粒重达到最大值的日期。

完熟：籽粒失水变硬的日期。

（四）作物的生长发育特性

作物的生长和发育过程一方面由作物的遗传特性决定，另一方面又受到外界环境条件的影响，因而表现出不同层面的生长发育特性。

1. 作物温光反应特性

在作物的个体发育过程中，植株由营养体向生殖体过渡，要求一定的外界条件。研究证明，温度的高低和日照的长短对许多作物实现由营养体向生殖体的质变有着特殊的作用。作物生长发育对温度高低和日照长短的反应特性，称为作物的温光反应特性。例如，冬小麦植株只有依次通过低温和长日照处理才能诱导生殖器官的分化，否则就只进行营养器官的生长分化，植株一直停留在分蘖丛生状态，不能正常抽穗结实完成生育周期。

根据作物温光反应所需温度和日长，可将作物温光反应归为典型的两大类，即以小麦为代表的低温长日型和以水稻为代表的高温短日型。小麦植株在苗期需要一定的低温条件，并感受长日照，才能进行幼穗分化。低温和长日照条件满足得好，有利于促进幼穗分化，生育期缩短；相反，低温和长日照条件得不到满足，会阻碍植株由营养生长向生殖生长的转化，延长生育期，甚至不能抽穗结实。根据小麦对低温反应的强弱，可分为冬性、弱（半）冬性和春性类型；根据对长日照反应的强弱，可分为反应迟钝、反应中等和反应敏感型。高温和短日照会加速水稻生育进程，促进幼穗分化。水稻对温光的反应特性表现为感光性（短日照缩短生育期）、感温性（高温缩短生育期）和基本营养生长性（高温短日照都不能改变营养生长日数的特性）。根据水稻对短日照反应的不同，可分为早稻、中稻和晚稻三种类型，早、中稻对短日照反应不敏感，在全年各个季节种植都能正常成熟，晚稻对短日照很敏感，严格要求在短日照条件下才能通过光照阶段，抽穗结实。值得注意的是，有些作物对日照长度有特殊的要求，如甘蔗要求在一定的日照长度下才能开花；也有些作物对日照长短反应不敏感，如玉米。

由于作物的温光反应类型不同，即使同一个品种在不同的生态地区，生育期表现长短也不同，例如，长日照作物的小麦北种南移，生育期变长；短日照作物的水稻北种南移，生育期变短。因此，在作物引种时，从温光生态环境相近的地区进行引种，易于成功。

作物的温光反应特性对栽培实践也有一定指导意义。例如小麦品种的温光特性与分蘖数、成穗数、穗粒数有很大关系，若要精播高产，应选用适于早播的冬性偏强、分蘖成穗偏高的品种。而晚播独秆栽培，则可选用春性较大的大穗型品种。又如，大豆是短日照作物，根据对短日照的反应特性，在辽宁省如果播种延迟，会加快生育进程，为了获得高产，应适当增加种植密度。

2. 作物生长的一般规律

以营养器官为产品的作物，如甘蔗、烟草等，营养器官的生长直接关系到产量的多少。而以果实、种子生殖器官为收获物的作物，生殖器官发育所需要的水分和营养物质都由营养器官供给。因此，作物营养器官生长的好坏，对最后的产量形成有重要作用。

（1）作物生长的周期性

作物在生长过程中，无论是细胞、器官或整个植株的生长速度都是不一样的。即初期生长缓慢，以后逐渐加快，生长达到最高峰以后，开始逐渐减慢，以致生长完全停止，形成了"慢—快—慢"的规律。作物生长的这种规律叫作生长周期。为了促进器官生长，应在生长最快时期到来之前采取有效措施促进或抑制植株或器官的生长。例如禾谷类作物应在生育前期加强水肥管理，否则会造成贪青晚熟，产量下降。

作物在生长季节中，生长活跃的器官一般是白天生长慢，夜间生长快，有一定的节奏，这称为生长的昼夜周期。白天气温高，作物的蒸腾作用强，呼吸消耗量也较大，同时紫外光对作物生长也有抑制作用，因而白天比夜间长得慢。但在早春时由于夜间气温低，则作物在夜间生长反比白天慢。

（2）作物生长的极性现象

作物某一器官的上下两端，在形态和生理上都有明显的差异，通常是上端生芽下端生根，这种现象叫作极性。例如，扦插的枝条上端生芽、下端长不定根。由于有极性现象，生产中扦插枝条时不能倒插。

（3）作物的再生现象

作物体各部分之间既有密切的关系，又有独立性。当作物体失去某一部分后，在适宜的环境条件下，仍能逐渐恢复所失去的部分，再形成一个完整的新个体，这种现象叫作再生。例如扦插繁殖、分根繁殖等都是利用作物体的再生能力。

3. 作物器官生长的相关规律

作物各器官在生长过程中相互影响的关系，称为相关规律或相关性。

（1）地下部分与地上部分

作物的根、茎、叶在营养物质的分配上是互通有无、相互联系的。根供给地上部分水分、无机盐，同时根还合成某些有机物质和激素（细胞分裂素）供地上部分需要。而地上部分又为根系提供光合产物和维生素、生长素等生理活性物质。"根深叶茂""本固枝荣"就充分反映了这种协调的关系。生产中用根冠比表示地下部分与地上部分之间的关系。根冠比的大小与作物种类和作物的生长时期有关。一般苗期根冠比较大，随着植株的生长，根冠比会逐渐缩小。

栽培中可以采取某些技术措施，调节地下部分和地上部的生长，使根冠比趋向合理。例如，大田作物获得壮苗，在苗期进行蹲苗。即在一定时期内控制水分的供应，促进幼苗的根系发生。甘薯、马铃薯、甜菜等作物后期以薯块中积累淀粉为主，根冠比达到最大值。因此在甘薯生长前期，提高土温，使土壤中有充足的水分和氮素营养，对其茎叶的生长有利；生长后期凉爽的天气及供应充足的磷钾肥，有利于块根中淀粉的合成与积累。后期如遇阴雨，则根冠比就不能很快提高，产量就会降低。

（2）顶端优势

作物的顶芽生长占优势的现象叫顶端优势。作物的主根和侧根也有类似的关系。不同作物的顶端优势有差异。向日葵的顶端优势明显。玉米、高粱的顶端优势较强，一般不产生分枝。顶端优势与农业生产有密切的关系，如棉花的打顶就是解除顶端优势，抑制营养生长，促进生殖生长并能减少蕾铃脱落的措施。

（3）营养生长与生殖生长

作物营养器官根、茎、叶的生长称为营养生长；生殖器官花、果实、种子的生长称为生殖生长。两者之间既相互依赖，又相互制约。作物一般是先进行营养器官的生长，然后进行生殖器官的生长。生殖器官的生长一般是消耗营养的，营养器官生长得越健壮，生殖器官的分化与生长也就越好。应注意搞好作物早期田间管理，促进植株生长健壮，防止营养器官的早衰，为开花结果打下良好的基础。但营养生长过旺，则茎叶徒长，消耗大量的养分，生殖器官因得不到足够的养分，致使禾谷类作物贪青晚熟，空瘪粒增多并容易发生倒伏。棉花、果树等作物会发生大量落花、落果、贪青晚熟。因此增施磷、钾肥，合理施用氮肥和控制水分的供应，有利于生殖器官的生长。当生殖器官生长过旺时，养分会大量分配在花、果上，容易引起植株早衰。

以营养器官为主要收获物的作物，如麻类、烟草等，需要促进营养器官的生长，抑制生殖器官的形成和生长。生产上常常通过供给充足的水分和增施氮肥，加大种植密度、摘除花芽等措施来促进营养器官的生长。

（4）作物器官的同伸关系

作物各个器官的分化和形成是有一定程序的，同时又因外界环境条件的影响而发生变化。各个器官的建成呈一定的对应关系。在同一时间内某些器官呈有规律的生长或伸长，叫作作物器官的同伸关系。这些同时生长（或伸长）的器官就是同伸器官。同伸关系既表现在同名器官之间，如不同叶位叶的伸长，也表现在异名器官之间，如叶与茎或根，乃至叶与生殖器官之间。一般说来，环境条件和栽培措施对同伸器官有同时促进或抑制作用。因此，掌握作物器官的同伸关系，可为调控作物器官的生长发育提供依据。

（5）个体与群体的关系

①作物群体是指同一地块上的作物个体群。群体是与个体相对而言的，个体是群体的组成单位，群体是个体形成的整体。一个作物组成的个体群是单作群体，如清种。两种或两种以上作物组成的个体群是复合群体，如间作、混作、套作。

作物生产是作物群体生产，即栽培目标是获得单位面积产量高产。产量取决于每个个体的产量，但群体又不是个体的简单相加。个体的生长发育影响着群体内环境的改变，改变了的环境反过来又影响个体生长发育的反复过程称为反馈。群体的发展有自己的规律，主要是自动调节，但调节能力有限。栽培作物应该把群体和个体统一起来，既使个体充分发育，又使群体充分发展，达到高产的目的。

从结构特征分析作物群体，只有由健壮个体组成的群体才是高产群体。群体数量和个体素质之间一般存在着负相关，群体内个体越多，则每个个体的生长量越少，因此存在最适个体数。如禾谷类存在最适穗数。作物品种不同，最适个体数也不同。

从光合特征分析，作物群体的生产取决于光合面积、光合时间和光合效率（光合强度或净同化率）。光合时间长，产量较高。光合作用主要靠绿色叶面积，通常以叶面积指数表示。测定时可按下列公式计算：

$$\text{叶面积指数} = \text{取样植株总叶面积} / \text{取样的土地面积} \qquad (2-1)$$

叶面积指数的变化呈单峰曲线，谷类作物抽穗前达到最大，一般可达 5~6 左右，株型好的可还高一些，如矮秆水稻可达 7~8。一般将作物群体某一时期或全生育期中叶面积的累积值叫作光合势（以平方米·日表示，$m^2 \cdot d$）。

净光合率是反映单叶特征的参数，是一定时期内植株总干物质积累量被该时期内叶面积平均值和光合时间所除得的商，即单位时间内单位叶面积所积累的干物质量。应当着重指出的是，作物的产量主要取决于光合面积的大小（LAI），而不取决于光合强度的高低。

②影响群体结构的因素。

A. 良好的株型是建立作物高产群体结构的基础。所谓株型指的是植株的综合性状，既包括形态特征，又包括生理特征。理想株型的作物群体植株偏矮，比较耐肥抗倒，叶片直立，生长量大，经济系数（或谷草比）大。

B. 种植密度和栽培方式。作物群体结构的状态与种植密度和田间配置方式有关。种植密度实质上是指作物群体中每一个个体平均占有的营养面积。而田间配置方式则是指每一个个体所占营养面积的形状，即株、行距的宽窄。应根据品种、株型、肥水条件等确立适宜的种植密度。独秆型的作物主要靠种植密度调节，可分蘖（枝）的作物可通过分蘖、分枝和单株长势最终补偿种植密度的变化，除考虑通风透光外，还要考虑田间作业是否方便。

二、作物的器官建成与生长

（一）种子萌发

植物学上的种子是指由胚珠受精后发育而成的有性繁殖器官。种植业生产上的种子是泛指用于播种繁殖下一代的播种材料。它包括植物学上的三类器官：由胚珠发育而成的种子，如豆类、麻类、棉花、油菜等的种子；由子房发育而成的果实，如稻、麦、玉米、高粱、谷子的颖果；进行无性繁殖的根、茎等，如甘薯的块根、马铃薯的块茎、甘蔗的茎节等。大多数作物是依靠种子（包括果实）进行繁殖的。

种子一般由种皮、胚和胚乳等主要部分组成。

种子的萌发分为吸胀、萌动和发芽三个阶段，包括从吸水膨胀开始至胚根、胚芽出现之间复杂的生理生化变化。在田间条件下，胚根长成幼苗的种子根或主根，胚芽则生长发育成茎叶等。种子发芽的条件是要求水分、温度和空气三个因素的适度配合。播种后，种子吸收水分直至达到饱和含水量，不同的种子每单位干物质的饱和含水量也不相同。种子发芽的最低、最适合、最高温度因作物种类不同而有明显的差异。种子发芽时要求一定数量的氧气。

（二）根的生长

作物的根系有两种类型。一类是单子叶作物的根，属须根系。如禾谷类作物的须根系由种子根或胚根和节根组成。种子萌发时，先生出初生胚根，接着从下胚轴上又长出次生胚根数条，这些根统称种子根或胚根。节根是根系的主要构成部分，它们是从基部茎节上长出的不定根，数目不等。次生根出生的顺序是自芽鞘节开始渐次由下位节移向上位节。玉米、高粱、谷子近地面茎节上常发生一轮或数轮较粗的节根，也叫支持根。另一类是双子叶作物的根，属直根系。如豆类、麻类、棉花、花生、油菜的根系由一条发达的主根和各级侧根构成，主根生长较快，下扎也较深。作物根系有向水性，根系入土深浅与土壤水分有很大关系，如水田中水稻根系较浅，旱地作物根系较深。因此，为了使一些作物后期生长健壮，苗期要控制肥水供应，实行蹲苗，促使根系向纵深伸展。作物根系有趋肥性，在肥料集中的土层中，一般根系也比较密集，施磷肥有促进根系生长的作用。作物根系还有向氧性，因此土壤通气良好，是根系生长的必要条件。

（三）茎的生长

在单子叶作物中，禾谷类作物的茎多数为圆形，大多中空，如稻麦等；有些作物的茎秆为髓所充满而成实心，如玉米、高粱等，茎秆由许多节和节间组成。茎上着生叶片的部位叫节，相邻两个节之间的部分叫节间。节的附近偏上部位有细胞分裂旺盛的居间分生组织。茎的高度和茎的节数因作物种类和品种而异，一般早熟品种矮，节数少，晚熟品种高，节数多。除地上可见的茎节外，禾谷类作物基部有节间极短的分蘖节，在适宜的条件下，分蘖节上着生的腋芽可长成分蘖。从主茎长出的分蘖称第一级分蘖，从第一级分蘖再长出的分蘖叫作第二级分集。禾谷类作物地上部分节间依靠居间分生组织的分化而伸长，各节间的伸长是自下而上依次推进的。当植株基部伸长节间的总长达到 0.5~1.0cm 时，即为开始拔节。双子叶作物茎的生长有两种方式；一种是单轴生长，主轴从下向上无限伸长，茎秆外形直立，主轴侧芽发展为侧枝，如向日葵、无限结荚习性的大豆、棉花的营养枝等；另一种是合轴生长，主轴生长一段时间后停止生长，由靠近顶芽下方的一个侧芽代替顶芽形成一段主轴，以后新主轴顶芽又停止生长，再由下方侧芽产生新的一段主轴，茎秆的外形稍有弯曲，如棉花的果枝。双子叶作物分枝习性大体可分为两类：一类是分枝性强的，如棉花、油菜、花生；另一类是分枝性弱的，如向日葵、麻。苗稀，单株营养面积大，光照充足；或施肥较多，植株分蘖力、分枝力强。

（四）叶的生长

作物的叶片是主要的光合作用器官。禾谷类一般由叶片、叶鞘、叶舌、叶耳、叶枕组成；双子叶作物的叶一般由叶片、叶柄和托叶组成，并可细分为单叶和复叶两类。叶片的大小决定于作物种类和品种，同时也受肥、水、气、温、光照等外界条件的影响。例如棉花，海岛棉叶片较大，陆地棉较小，而同一株上，主茎叶片大，营养枝叶片次之，果枝叶片最小；玉米的"棒三叶"最大；稻、麦中部偏上的叶片较长，下部叶片较短；大豆有限结荚习性品种的叶片自下而上逐渐增大，无限结荚习性品种的叶片则逐渐变小。每种作物主茎的叶片数是比较稳定的。同一作物，早熟品种的叶片数一般少于晚熟品种。稻、麦叶片的功能期是倒数的1、2、3叶较长；大豆、棉花、油菜和玉米等是中部叶片寿命较长。作物的叶片一般存在叶层分工。叶片所合成的养分往往就近供给贮存器官或分生组织。较高的气温或光照弱对叶片长度和面积增长有利，而较低的气温或光照强度则有利于叶片宽度和厚度的增长。

（五）花的发育

禾谷类作物的花序通称为穗。小麦、大麦、黑麦为穗状花序，稻、高粱、燕麦、糜子及玉米的雄花序为圆锥花序。禾谷类作物的穗分化开始于拔节前后，大致经过生长锥伸长、穗轴节片（麦类）或枝梗（黍类）分化、颖花分化、雌雄蕊分化、生殖细胞减数分裂及四分体形成、花粉粒充实完成几个阶段。双子叶作物中，棉花的花是单生的，豆类、花生、油菜属总状花序，烟草为圆锥或总状花序，甜菜为复总状花序。双子叶作物的花由花梗、花托、花萼、花冠、雄蕊和雌蕊组成；其分化发育大致分为以下几个阶段：花萼形成，花冠和雄、雌蕊形成，花粉母细胞和胚囊母细胞形成，胚囊母细胞和花粉母细胞减数分裂形成四分体，胚囊和花粉粒成熟。具有分枝（蘖）习性的作物，通常是主茎先开花，然后第一、第二分枝（蘖）渐次开花。同一花序上的花，有的下部花先开，然后向上，如棉花、油菜；有的中部花先开，然后向上向下，如小麦、玉米；有的上部花先开，然后向下，如水稻。稻、小麦、大麦、大豆、豌豆、花生等是自花授粉作物；玉米、白菜型油菜为异花授粉作物；棉花、高粱、蚕豆、甘蓝型和芥菜型油菜等属常异花授粉作物。

（六）种子和果实发育

禾谷类作物1朵颖花只有1个胚珠，开花受精后子房（形成果皮）与胚珠（形成种子）同步发育。双子叶作物1朵颖花有数个胚珠，开花受精后子房与胚珠的发育过程是相对独立的。一般子房首先开始迅速生长，形成铃或荚等果皮，胚珠发育成种子过程稍滞后，果实中种皮与果皮分离。种子由胚珠发育而成。受精卵发育成胚；初生胚乳核发育成胚乳；珠被发育成种皮。豆类、油菜等胚乳会被发育中的胚所吸收，养分贮藏在子叶内，从而形成无胚乳种子。果实由子房发育而来，某些作物除了子房外，其他花器甚至花序也参与果实的发育。如油菜的角果由果喙、果身和果柄组成。种子和果实发育过程中，内部发生化学变化。影响种子和果实发育的因素有体内的有机养料、光合产物、温度、土壤养分和水分等。

第二节　作物生长发育与环境

一、作物与光

（一）光对作物的重要性

光是作物生产的基本条件之一，大田作物生产所需要的能量全部来自太阳光，设施作物栽培所需要的能量主要来自太阳光，其次是来自各种不同的人工光源的补充。作物利用光提供的能量进行光合作用，合成有机物质，为作物的生长发育提供物质基础。据估计，作物体中90%～95%的干物质是作物光合作用的产物。光还可以促进需光种子的萌发、幼叶的展开，影响叶芽与花芽的分化、作物的分枝与分蘖等。此外，光还会影响作物的某些生理代谢过程而影响作物产品的品质。

（二）光对作物生长发育的影响

光对作物生产发育的影响是通过其光照强度、日照长度和光谱成分的影响而达到的。

1. 光照强度

光照强度可通过影响作物的器官的形成和发育以及光合作用的强度而影响作物的生长发育。

（1）光照强度与形态器官建成和生长发育

作物的细胞增大和分化，组织和器官分化，作物体积增大和重量增加都与光照强度有密切的关系。如果作物群体过密，群体内光照不足，植株会过分伸长，发生徒长，削弱分枝或分蘖能力，改变分枝或分蘖的位置，使茎秆细弱而容易导致倒伏，造成减产。

作物花芽分化和果实的发育也受光照强度的影响。如作物群体内部光照不足，有机物质生产过少，在花芽形成期，花芽的数量明显减少，即使已形成的花芽也会由于养分供应不足而发育不良或在早期退化；在开花期，授粉受精受阻，造成落花；在果实充实期，会引起结实不良或果实停止发育，甚至落果。例如，水稻在幼穗形成和发育期遇上多雨且光照不足，稻穗变小，造成较多的空粒和秕粒。

（2）光照强度与光合作用

光合作用强度一般可用光合速率（$CO_2 mg/dm^2 \cdot h$）表示，即每小时每平方分米的叶片面积吸收的CO_2的毫克数。一般情况下，光照强度与光合作用强度的关系成正比。不同的作物光合速率有较大的差异，其对光照强度的要求可用"光补偿点"和"光饱和点"两个指标来表示。夜晚，基本没有光照，作物没有光合积累而只有呼吸消耗。白天，随着光照强度的增加，作物的光合速率逐渐增加，当达到某一光照强度时，叶片的实际光合速率等于呼吸速率，表观光合速率等于零，此时的光照强度即为光补偿点。随着光照强度的进一步增强，光合速率也随之上升，当达到某一光照强度时，光合速率趋于稳定，此时的光照强度叫作光饱和点。光补偿点和光饱和点不仅分别代表光合作用对光照强度要求的低限和高限，而且分别代表光合作用对于弱光和强光的利用能力，可作为作物需光特性的两个重要指标。

对于一个作物群体来说，上层叶片接受到的光照强度往往会超过光饱和点，而中下层叶片特别是下层叶片，由于上层叶片的遮挡，其接受的光照强度远远还达不到光饱和点，密植群体下部叶片的光强往往是在光补偿点上下。因此，通过各种措施改善作物群体叶层的受光态势，增加中下层叶片的受光量是获取作物高产的重要途径。

根据植物对光照强度要求的不同，可把植物分为阳生植物和阴生植物。就光补偿点和光饱和点而言，阴生植物二者均低，光补偿点只在100lx左右，光饱和点在5000～10 000lx；喜光的阳生植物二者均较高，分别为500～1000lx和20 000～25 000lx。不同阳生作物对光的要求也有差别，C_3作物（甘蔗、玉米等）的光饱和点高于C_4作物（水稻、小麦等），而前者的光补偿点一般又低于后者。

在了解作物与光照强度关系的基础上，根据作物对光照强度的反应，采用适当的措施，可以提高作物的产量和品质。在种植茎用纤维的麻类作物时，可适当密植，使群体较为荫蔽促进植株长高，抑制或减少分枝，或提高分枝节位，有利于提高麻皮产量和品质；充足的光照及较长的光周期（16h）均有利于烟叶中烟碱的合成，烟叶中的烟碱和多酚含量随密度和留叶数增加而降低，含糖量有所提高，品质降低。

2. 日照长度

（1）光周期现象

自然界一昼夜间的光暗交替称为光周期。从植物生理的角度而言，作物的发育，即从营养生长向生殖生长转化，受到日照长度或者说受昼夜长度的控制，作物发育对日照长度的这种反应称为光周期现象。在理解作物光周期现象时，有两点应当加以注意；第一，作物在达到一定的生理年龄时才能接受光周期诱变，且接受光周期诱变的只是生育期中的一小段时间，并非整个生育期都要求这样的日照长度；第二，对长日照作物来说，日照长度不一定是越长越好，对短日照作物来说，日照也不一定是越短越好。

（2）干物质生产

作物积累干物质，在很大程度上依赖于作物光合速率的高低和光合时间的长短。一般情况下，日照长度增加，作物进行光合作用的时间延长，就能增加干物质的生产或积累。温室进行补充光照，人工延长光照时间，能使作物增产。

3. 光谱成分

太阳的波长可分为紫外线区（$\lambda < 400nm$）、可见光区（$\lambda = 400 \sim 720nm$，从波长由短至长，可分为紫、蓝、青、绿、黄、橙和红光）和红外线区（$\lambda > 720nm$）。光谱中的不同成分对作物生长发育和生理功能的影响并不是一样的。

作物主要是利用 $400 \sim 700nm$ 的可见光进行光合作用，其中红光和橙光利用最多，其次是蓝紫光。太阳辐射中的这部分波长的光波称为光合有效辐射。光合有效辐射约占太阳总辐射量的 $40\% \sim 50\%$。研究表明：红光有利于碳水化合物的合成；蓝光有利于蛋白质的合成；波长 660nm 的红光和 730nm 的远红光影响作物的开花；紫外光对果实成熟和含糖量有良好作用，但对作物的生长有抑制作用；增加红光比例对烟草叶面积的增大和内含物的增加有一定的促进作用；蓝光处理会降低水稻幼苗的光合速率。

人工栽培的作物群体中，冠层顶部接收的是完全光谱，而中下层吸收远红光和绿光较多，这是由于太阳辐射被上层有选择性吸收后，透射或反射到中下层的是远红光和绿光偏多，所以各层次叶片的光合效率和产品质量是有差异的。高山、高原上栽培的作物，一般接受青、蓝、紫等短波光和紫外线较多，因而一般较矮，茎叶富含花青素，色泽也较深。

二、作物与温度

（一）温度对作物的重要性

作物的正常生长发育及其过程必须在一定的温度范围内才能完成，而且各个生长发育阶段所需的最适温度范围不一致，超出这一范围的极端温度，就会使作物受到伤害，生长发育不能完成，甚至过早死亡。造成这种结果，都是温度通过影响作物的正常生理、生化过程所致。在作物生产中，温度的昼夜和季节性变化影响作物的干物质积累甚至产品的质量，而且也影响作物正常的生长发育。此外，温度的地域性差异，也造成不同起源地的作物对温度要求的差异，因而存在作物分布的地区性差异。这些差异，与作物的物种起源和进化过程中对环境的适应性有关。了解温度对作物生产的这些重要作用，在种植业生产中有着重要意义。

（二）温度对作物生长发育及产品的影响

1. 作物的基本温度

各种作物生长发育对温度的要求有最低点、最适点和最高点之分，通常称为作物对温度要求的三基点。在最适温度范围内，作物生长发育良好，生长发育速度最快；随着温度的升高或降低，生长发育速度减慢；当温度处于最高点和最低点时，作物尚能忍受，但只能维持其生命活动；当温度超出最高或最低温度时，作物开始出现伤害，甚至死亡。不同作物生长的温度三基点不同，这种不同是由于不同作物的原产地不同而在系统发育过程中所形成的。一般情况下，原产热带或亚热带的作物，生长温度三基点较高；而原产温带的作物，温度三基点稍低；原产寒带的作物，温度三基点更低。同一作物不同品种的温度三基点是不同的；同一作物的不同生育时期的温度三基点也不相同。一般情况下，种子萌发的温度三基点常低于营养器官生长的温度三基点，营养器官生长与生殖器官发育相比，前者的温度三基点较低；根系生长的温度比地上部分生长的要低；作物在开花期对温度最为敏感。

2. 极端温度对作物的危害及其防御

作物在生长发育过程中，常会受到低于或高于生长发育下限或上限的温度，即极端温度的影响。极端温度对作物生长发育的影响是通过低温和高温而造成的。

（1）低温对作物的危害

①霜冻是指作物体内冷却至冰点以下而引起组织结冰而造成的伤害或死亡。作物在摄氏零度以下低温情况下，细胞间隙结冰，冰晶使细胞原生质膜发生破裂和原生质的蛋白质变性而使细胞受到伤害。作物受害的程度与降温的速度及温度回升的速度、冻害的持续时间有关。降温速度、温度回升速度慢，低温持续的时间较短，作物受害较轻。

②冷害是指在作物遇到摄氏零度以上低温，生命活动受到影响而引起作物体损害或发生死亡的现象。有人认为冷害是由于低温下作物体内水分代谢失调，扰乱了正常的生理代谢，使植株受害。也有人认为是由于酶促反应作用下水解反应增强，新陈代谢破坏，原生质变性，透性加大使作物受害。

（2）高温对作物的危害

当温度超过最适温度范围后，再继续上升，就会对作物造成伤害。高温对作物危害的生理影响是使呼吸作用加强，物质合成与消耗失调，也会使蒸腾作用加强，破坏体内水分平衡，植株萎蔫，使作物生长发育受阻；同时，高温使作物局部灼伤。作物在开花结实期最易受高温伤害。如水稻，开花期的高温会对其结实率产生较大的影响。

（3）极端温度危害及其防御

为了保证作物高产、稳产，需要采取一些抵抗或躲避霜冻、冷害和热害的措施。首先，要根据当地灾害性天气出现的情况和规律，选用抗热、耐寒的作物品种。抗高温者，其细胞原生质对受热变性有抵抗能力，耐冷害者其原生质能够抵抗由结冰所引起的脱水作用。其次，要因地制宜地采取一定的措施，使作物躲避灾害。适当地提前或错后播种，可以收到良好的效果；喷洒磷肥或化学催熟剂能促使作物早熟；浇麦黄水可减轻干热风的危害。众所周知，良好的植被，特别是林带具有调节气温，改善农田小气候的良好作用，对于我国东北、华北、西北来说，植树种草改善生态条件，营造防护林网是抗御高温热害和低温冷害的有效措施。

3. 积温与作物生长发育

作物生长发育有其最低点温度，这一温度也称为作物生物学最低温度。同时，作物需要有一定的温度总和才能完成其生命周期。通常把作物整个生育期或某一生长发育阶段内高于一定温度以上的日平均温度的总和称为某作物整个生育期或某生育阶段的积温。积温可分为有效积温和活动积温。在某一生育期或全生育期中高于生物学最低温度的日平均温度称为当日的活动温度，而日平均温度与生物学最低温度的差数称为当日的有效温度。例如，冬小麦幼苗期的生物学最低温度为 3.0℃，而某天的平均温度为 8.5℃，这一天的活动温度为 8.5℃，而有效温度则为 5.5℃。活动积温是作物全生育期或某一生育阶段内活动温度的总和，而有效积温则是作物全生育期或某一生育阶段的有效温度的总和。不同作物甚至不同品种由于其生物学最低温度的差异以及生育期的长短不同，整个生育期要求的有效积温不同。如小麦大约需要 1000~1600℃ 的有效积温，而向日葵大约需要 1500~2100℃ 的有效积温。在此，需要强调的是，在种植业生产上有效积温一般比活动积温更能反映作物对温度的要求。

4. 温度变化与干物质积累

作物是变温植物，其体内温度受周围环境的温度所影响，作物生长发育与温度变化的同步现象称为温周期。昼夜变温对作物生长发育有较大的影响。很多研究说明，白天温度较高，有利于光合作用和干物质生产，夜间温度较低，可减少呼吸作用的消耗，有利于干物质的积累，因而产量较高。试验研究表明，白天 26.5℃，夜间 17℃ 对番茄生长最为有利。这是因为白天温度较高，有利于光合作用，夜间温度较低，可减少呼吸消耗。水稻以白天 24~26℃，夜间 14~16℃ 为灌浆最适宜温度。在我国的青海省，小麦籽粒乳熟期间，温度较低，昼夜温差较大，因此，灌浆过程长达 30~70 天，一般千粒重在 40~50g 或更重些。

5. 温度对作物产品质量的影响

在不同温度条件下作物所形成的产品的质量不同。有研究表明，小麦籽粒的蛋白质含量与抽穗至成熟期间的平均气温显著正相关，玉米、水稻、大豆等作物籽粒的蛋白质含量也随气温的升高而增加；温度对油菜种子中脂肪酸组成有影响，在 15℃ 以上高温下发育成熟的种子，芥酸含量较低，油酸含量较高，而在低温下成熟的种子，芥酸含量较高，油酸含量较低；水稻籽粒成熟期间的温度与稻米直链淀粉含量呈负相关，薯类作物的淀粉形成也与温度有密切的关系；在较低温度条件下有利于甘蔗的糖分积累；棉花纤维素形成的最适温度为 25~30℃，低于 15℃ 时，所形成的纤维素质量较差；小麦籽粒中蛋白质含量与昼夜温差呈正相关，相关系数达 0.85，温差越大，籽粒蛋白质含量越高。

三、作物与水分

（一）水分对作物的重要性

水是生命的先决条件，没有水就没有生命。作物的一切正常生命活动都必须在细胞含有水分的状况下才能发生，作物生产对水分的依赖性往往超过了任何其他因素。毛泽东同志讲的"水利是农业的命脉"和农谚说的"有收无收在于水，收多收少在于肥"都充分说明了水对作物生产的重要性。水是作物的主要组成成分，也是多种物质的溶剂，能维持细胞和组织的紧张度，水也是光合作用的原料。此外，由于水有较大的热容量，当温度剧烈变动时，如果田间有水层，可较稳定地保持土层的温度，缓和作物体内细胞原生质的温度变化，以使原生质免于受害或受害较轻。

水是连接"土壤—作物—大气"这一系统的介质，水在吸收、输导和蒸腾过程中把土壤、作物和大气联系在一起。水是通过不同形态、数量和持续时间三方面的变化对作物起作用的。不同形态的水是指水的"三态"，即固态、液态和气态；数量是指降水量的多少和大气湿度的高低，持续时间是指降水、干旱、淹水等的持续日数。上述三方面对作物的生长、发育和生理生化活动产生重要的生理生态作用，进而影响作物产品的产量和质量。

（二）作物对水分的吸收

作物的根是作物吸收水分的主要器官。作物生长发育过程中，通过根系从土壤中吸收大量水分，其中只有 0.1%~0.2% 用于制造有机物，连同组成作物体内的水分在内也不超过 1%，根系从土壤中吸收的绝大部分的水通过蒸腾作用而散失掉。蒸腾作用是指水分以汽态通过植物体的表面（主要是叶片）散失到体外的现象。除根系吸水外，植物体的其他部位也能吸收水分。根系从土壤中吸收水分有主动吸水与被动吸水两种方式并存，一般情况下，以被动吸水过程为主，只有在蒸腾作用受阻或变得缓慢时，主动吸水才变得明显。

（三）水对作物的作用

1. 水分的生理生态作用

（1）水是细胞原生质的重要组成成分

原生质含水量在 70% 以上才能保持代谢活动正常进行。随着含水量的减少，生命活动会逐渐减弱，若失水过多，则会引起其结构破坏，导致作物死亡。一般植物组织含水量占鲜重的 75%~90%，水生植物含水量可达 95%。细胞中的水可分为两类，一类是与细胞组分紧密结合不能自由移动、不易蒸发散失的水，称为束缚水；另一类是与细胞组分之间吸附力较弱，可以自由移动的水，称为自由水。自由水可直接参与各种代谢活动，因此，当自由水与束缚水比值高时细胞原生质是溶胶状态，植物代谢旺盛，生长较快，抗逆性弱；反之，细胞原生质呈凝胶状态，代谢活性低，生长迟缓，但抗逆性强。

（2）水是代谢过程的重要物质

水是光合作用的原料，在呼吸作用以及许多有机物质的合成和分解过程中都有水分子参与。没有水，这些重要的生化过程都不能进行。

（3）水是各种生理生化反应和运输物质的介质

植物体内的各种生理生化过程，如矿质元素的吸收、运输，气体交换，光合产物的合成、转化和运输以及信号物质的传导等都需以水作为介质。

（4）水分使作物保持固有的姿态

作物细胞吸足了水分，才能维持细胞的紧张度，保持膨胀状态，使作物枝叶挺立、花朵开放，根系得以伸展，从而有利于植物捕获光能、交换气体、传粉受精、吸收养分等。水分不足，作物会出现萎蔫状态，气孔关闭，光合作用受阻，严重缺水会导致作物死亡。

（5）水分的生态作用

由于水所具有的特殊的理化性质，因此水在作物的生态环境中起着特别重要的作用。例如：作物通过蒸腾散热，调节体温，以减轻烈日的伤害；水稻通过水层管理来调节温度、湿度和稻田通透性，改善田间小气候；此外，还可以调节稻田土壤养分状态。

2. 旱、涝对作物的危害

（1）干旱对作物的影响

缺水干旱常对作物造成旱害。旱害是指长期持续无雨，又无灌溉和地下水补充，致使作物需水和土壤供水失去平衡，对作物生长发育造成的伤害。

干旱可分为大气干旱和土壤干旱两种。大气干旱是气温高而相对湿度小，作物蒸腾过于旺盛，叶片的蒸腾量超过根系的吸水量而破坏了作物体内的水分平衡，使植株发生萎蔫，光合作用降低。若土壤的水分含量足，大气干旱造成的萎蔫则是暂时的，作物能恢复正常生长。大气干旱能抑制作物茎叶的生长，降低产量及品质。土壤干旱是由于土壤水分不足，根系吸收不到足够的水分，如不及时降雨或灌溉，会造成根毛死亡甚至根系干涸，地上叶片严重萎蔫，直至植株死亡。

干旱时作物受害的原因是多方面的。干旱缺水下，作物体内合成酶的活性降低，分解酶的活性增强，作物不仅不能合成生长所需的物质，而且蛋白质等有机物质大量被分解。干旱还使作物体内能量代谢紊乱，破坏原生质结构，使营养物质吸收和运输受阻，光合速率下降。作物缺水萎蔫会引起体内水分再分配，渗透压较高的幼叶向老叶夺水，老叶过早脱落。处于胚胎状态的组织和器官由于细胞汁液浓度较低而受害最重。此外，水分亏缺会加剧作物营养生长与生殖生长争夺水分的矛盾，引起生殖器官萎缩和脱落，特别是在干旱季节又施速效氮肥的情况下，更易发生这种情况。

不同作物耐旱能力不同，同一作物不同品种耐旱能力也有差异。同一品种在不同生长发育阶段受害程度又有所不同，一般在作物需水临界期和最大需水期受害最重。大田作物中比较抗旱的有穈子、谷子、高粱、甘薯、绿豆等。当然，作物比较抗旱，只是指它们能够忍受一定程度的干旱而有一定的产量，绝不是说它们不需要更多的水。在雨水充沛的年份或灌溉条件下，它们的产量可以大幅度地增加。

（2）涝害

涝害是指长期持续阴雨，或地表水泛滥，淹没农田，或地势低洼田间积水，水分过剩，土壤缺乏氧气，根系呼吸减弱，久而久之引起作物窒息、死亡的现象。土壤水分过多，抑制好氧性微生物的活动，土壤以还原反应为主，许多养分被还原成无效状态，并会产生大量有毒物质，使作物根系中毒、腐烂，甚至引起死亡。此外，根际还会积累过多的二氧化碳，使根吸收的二氧化碳量增加，二氧化碳运送到叶片会引起气孔关闭，降低光合速率。土壤渍水，作物根系发育不良，土壤养分流失，降低作物产量和质量。

3. 水污染对作物的影响

水体污染源主要有三个方面：一是城市生活污水，二是工矿废水，三是来自农药化肥施用不当引起的水污染。受污染的水体往往含有有毒或剧毒的化合物，如氰化物、氟化物、硝基化合物、酸、汞、镉、铬等，还含有某些发酵性的有机物和亚硫酸盐、硫化物等有机物。这些有机物和无机物都能消耗水中的溶解氧，致使水中生物因缺氧而窒息死亡，或直接毒害作物，影响其生长发育、产量和品质，甚至间接地影响人体健康。有研究指出，用城市污水进行合理灌溉，可增加土壤有机质和氮素含量，可能获得增产效果；也有研究指出，污水灌区地下水受到不同程度的污染，特别是浅层地下水，会使污水中的有毒物质在土壤中积累而造成土壤污染，从而导致作物产品不同程度的污染，对人畜造成危害。

四、作物与空气

（一）空气对作物的重要性

空气的成分非常复杂，在标准状态下，按体积计算，氮约占78%，氧约占21%，二氧化碳约占0.032%，其他气体成分都较少。在这些气体成分中，与作物生长发育关系最密切的有二氧化碳、氧、氮、氮氧化物、甲烷、二氧化硫和氟化物等。氧气影响作物的呼吸作用，二氧化碳作为光合作用的原料影响着作物的光合作用，氮气影响豆科作物的根瘤固氮，二氧化硫等有毒气体成分造成大气污染而直接或间接地影响作物的产量和品质。

（二）空气对作物生长发育的影响

1. 氧气

氧气主要是通过影响作物的呼吸作用而对作物的生长发育产生影响。依据呼吸过程是否有氧气的参与，可将呼吸作用分为有氧呼吸和无氧呼吸。其中，有氧呼吸是高等植物呼吸的主要形式，能将有机物较彻底地分解，释放较多的能量。在缺氧情况下，作物被迫进行无气呼吸，不但释放的能量很少，而且产生的酒精会对作物有毒害作用。作物地上部分一般不会发生氧气不足现象，但地下部分会因土壤板结或渍水造成氧气不足，这往往是造成作物死苗的一个重要原因，特别是油料作物。另外，在作物播种前的浸种过程中，也会因氧气不足而影响种子的萌发。

2. 二氧化碳

（1）二氧化碳与作物的光合速率和干物质积累

CO_2影响作物的生长发育主要是通过影响作物的光合速率而造成的。在光照充足的条件下，随着CO_2的浓度的增加，作物的光合速率逐渐增强，当光合速率和呼吸速率相等时，环境中的CO_2浓度即为二氧化碳补偿点；当CO_2浓度增加至某一值时，光合速率便达到最大值，此时环境中的CO_2浓度称为二氧化碳饱和点。C_4作物，如玉米、高粱、甘蔗等作物的二氧化碳补偿点和二氧化碳饱和点都比C_3作物（如水稻、小麦、花生等）的要低，因此，C_4作物对环境中CO_2的利用率要高于C_3作物。

（2）作物群体内二氧化碳的来源和分布

作物群体内CO_2主要是来自大气中的CO_2，即来自群体以上的空间。此外，作物本身的呼吸作用也排放CO_2，土壤表面枯枝落叶的分解、土壤中微生物的呼吸、已死亡的根系和有机质的腐烂都会释放出CO_2。据估计，这些来自群体下部空间的CO_2约占供应总量的20%。

根据群体内CO_2的来源，CO_2在群体内的垂直分布有较大的差异，近地面层的CO_2浓度一般比较高。在一天中，午夜和凌晨，越接近地面，CO_2浓度就越高。白天，群体中部和上部的CO_2浓度较小，下部较大。因此，光照较强的群体中上部由于CO_2的限制而发挥不了较强的光合速率，而CO_2浓度较高的群体下部又由于光照较弱而光合速率较弱，这是作物生产上要十分重视田间通风透光的原因所在。

3. 氮气与固氮作用

豆科作物通过与它们共生的根瘤菌能够固定和利用空气中的氮素。据估计，大豆每年的固氮量达到$57\sim94kg/hm^2$，三叶草达到$104\sim160kg/hm^2$，苜蓿$128\sim600kg/hm^2$，可见不同豆科作物的固氮能力有较大的差异。豆科作物根瘤菌所固定的氮素约占其需氮总量的1/4至1/2，虽然并不能完全满足作物一生中对氮素的需求，但减少了作物生产中氮肥成本的投入。因此，合理地利用豆科作物是充分利用空气中氮资源的一种重要途径。

4. 大气环境对作物的影响

（1）温室效应

温室效应主要是由于大气中CO_2、CH_4和N_2O等气体含量的增加所引起。CH_4来自水稻田、自然湿地、天然气的开采、煤矿等，N_2O是土壤中频繁进行的硝化和反硝化过程中，生成和释放的。温室效应使地球变暖而对作物生产的影响可以表现在几个方面：第一，使地区间的气候差异变大，气温上升，降水量分布发生变化，一些地区雨量明显减少，对作物生产有着不利的影响；第二，大气中 CO_2 浓度增加，作物和野草的产量都会增加，出现栽培植物与野生植物之间的竞争加剧，杂草防治更加艰巨；第三，由温室效应导致的气温和降水量的变化，会进一步影响作物病虫害的发生、分布、发育、存活、行为、迁移、生殖、种类动态，加剧某些病虫害的发生。

（2）二氧化硫、氟化物和氮氧化物

二氧化硫、氟化物和氮氧化物都会造成大气污染，对作物生长发育乃至产量和品质都会产生各种直接的或间接的影响。二氧化硫和氟化物的长期或急性毒害，通过影响作物的生理过程而使作物叶片出现焦斑，植株生长缓慢和产量降低，而氮氧化物引起大气中氮氧化物含量过高可导致植物群落的变化而影响作物生产。而且，氮氧化物还是酸雨中的组成成分，并与空气中分子态氧反应形成臭氧。

（3）臭氧

臭氧是 NO 在太阳光下分解产物与空气中分子态氧反应的产物。臭氧浓度较高时，影响作物的生理过程和代谢途径，从而引起作物生长缓慢，提早衰老，产量降低。臭氧浓度的增加与作物减产率呈正相关。

（4）酸雨

酸雨是指 pH 值小于 5.6 的大气酸性化学组分通过降水的气象过程进入陆地、水体的现象。严格地说，它包括雨、雾、雪、尘等形式。我国已成为世界上第二大酸雨区。

酸雨使作物受到双重危害。酸雨在落地前先影响叶片，落地后影响作物根部。对叶片的影响主要是破坏叶面蜡质，淋失叶片养分，破坏呼吸作用和代谢，引起叶片坏死；对处于生殖生长阶段的作物，缩短花粉寿命，减弱繁殖能力，以致影响产品产量和质量。酸雨还会降低作物的抗病能力，诱发病原菌对作物的感染，抑制豆科作物根瘤菌生长和固氮作用。

（三）二氧化碳施肥

由于提高 CO_2 浓度可以增加作物产量，因此提出了 CO_2 施肥问题。迄今为止，CO_2 施肥主要还是在有控制条件的温室中或在塑料薄膜保护下进行的，要在开放环境下的大田作物生产过程推广 CO_2 施肥还有很大的难处。首先，每生产 1kg 干物质大约需要消耗 1.5kg 的 CO_2，用量大且体积也大，另外 CO_2 是以气体状态存在，流动性较大，应用起来比较困难。其次，目前生产 CO_2 的成本较高，致使价格昂贵，效益不高。鉴此，提高田间 CO_2 浓度比较现实的方法是多施有机肥和多采用作物秸秆还田，通过有机肥和秸秆的分解促进土壤中好气性细菌的数量和活力，释放更多的 CO_2。据报道，到 21 世纪下半叶，大气中 CO_2 的浓度将会增加 1 倍。这种空气中 CO_2 含量的富集将会促进作物增产，但 CO_2 是温室效应的主要气体成分，浓度的增加是否会危害作物生产也是一个值得担心的问题。

五、作物与土壤条件

土壤是植物赖以生存的基础，是农业生产所必需的重要自然资源。作物的土壤环境包括：物理环境、化学环境和养分环境。当然，植物在作物的土壤环境中也有重大作用。植物与三大环境相互影响，相互作用，有着极为复杂的相互关系，构成了土壤—植物生态系统的基本内容。

（一）土壤的物理性质

土壤的物理性质是指土壤固、液、气三相体系中所产生的各种物理现象和过程，与土壤化学性质和土壤生物活动密切相关，互有影响。它制约土壤肥力，影响作物生长，是制定合理耕作和灌排等管理措施的重要依据。

土壤的基本物理性质是指包括土壤质地、孔隙、结构、水分、热量和空气状况等方面。它们之间是相互联系和制约的，其中以土壤质地、土壤结构和土壤水分居主导地位，它们的变化常引起土壤其他物理性质和过程的变化。

土壤物理性质除受自然成土因素影响外，人类的耕作活动（包括耕作、轮作、灌排和施肥等）也能使之发生深刻的变化。因此可在一定条件下，通过农业措施、水利建设以及化学方法等对土壤不良的物理性质进行改良、调节和控制。

1. 土壤质地

土壤质地是指土壤中不同大小直径的矿物颗粒的组合状况。通俗地说，土壤质地就是土壤的沙黏性。随手抓一把土，掺一些水，搓揉一下，就会产生黏手或爽手的感觉。这就是对土壤质地的反应。土壤质地对作物生长的影响是通过土壤通气、透水、供肥、保水、保湿、导热、耕性等因素的作用而实现的。

土壤中的矿物颗粒可按其直径大小分为若干等级（粒级），按土壤中各粒级的构成情况，可以把土壤质地分为三类，各类土壤特性如下：

①沙土类土粒间孔隙大，大孔隙多，小孔隙少。土质松，易耕作；透水性强，保水性

差；保肥能力差。在这种土壤上生长的作物，容易出现前期旺长，后期脱肥早衰的现象，施肥管理宜勤施少施。对块根类作物的生长有利，也适宜种植生长期短而耐瘠薄的作物，如芝麻、花生、西瓜等。

②黏土类总孔隙度大而土粒间孔隙小，土质黏重，干时紧实板结，湿时泥泞，不耐旱也不耐涝，适耕期短，湿犁成片，耙时成线，耕作困难。通气透水差，易积水，有机质分解慢，保水保肥能力强。植物常有缺苗现象，幼根伸长慢，"发老苗不发小苗"。适宜种植小麦、玉米、水稻等。

③壤土类介于沙土和黏土之间。土粒适中，通气透水良好，有较好的保水保肥供肥能力，耐旱耐涝，耕性良好，发小苗也发老苗，是耕地中的"当家地"和高产田。适宜各种作物生长。

2. 土壤孔隙

土壤孔隙不仅承担着对作物水分、空气的供应，而且孔隙本身也对作物生长具有重要作用。一般肥沃的土壤都具有相当数量直径 $\geqslant 250\mu m$ 的大孔隙，以使作物根系顺利伸展；土壤中还应有 10% 以上直径 $\geqslant 50\mu m$ 的中等孔隙，这些孔隙形成的网络是土壤具备良好排水功能的基础；土壤中必须有大于 10% 的直径 $0.5\sim50\mu m$ 的小孔隙，这是土壤具有良好保水性能的条件。

3. 土壤结构

土壤结构是指土壤固相颗粒的排列形式、孔隙度以及团聚体的大小、多少及其稳定度。这些都能影响土壤中固、液、气三相的比例，并进而影响土壤供应水分、养分的能力，影响通气和热量状况以及根系在土壤中穿透情况。良好的土壤结构是土壤肥力的基础，土壤结构愈好，土壤肥沃度愈高。生产上经常看到有的土壤疏松，有的土壤紧实。疏松的土壤耕作时轻松爽利，紧实的土壤容易板结成块，耕锄吃力。这两种不同性状是土粒的排列和组合不同造成的。常见的土壤结构类型有：块状、片状、柱状、团粒结构。团粒结构是各种结构中最为理想的一种。其水、肥、气、热的状况是处于最好的相互协调状态，为作物的生长发育提供了良好的生活条件，有利于根系活动和吸取水分养分。

4. 土壤水分

土壤水分主要来自降雨、降雪和灌水；如地下水位较高，地下水也可上升补充土壤水分。充足的土壤水分是作物进行正常生长发育的先决条件，也是影响作物营养的主导因素，土壤水分不足和过多都会影响到作物对养分的吸收。土壤水分参与土壤中的物质转化过程，如矿物养分的溶解和转化、有机物的分解与合成等，土壤水分本身或通过土壤空气和土壤温度可影响养分的生物转化、矿化、氧化与还原等，因而与土壤养分的有效性有很大的关系。土壤水分还能调节土壤温度，对于防高温和防霜冻有一定的作用。所以，控制和改善土壤的水分状况，如提高土壤蓄水保墒能力，进行合理灌溉，是提高作物产量的重要措施。

5. 土壤空气

空气是土壤的重要成分之一，与土壤水同时存在于土壤孔隙之中。较细小的毛管孔隙通常被水分所充满，而较大的通气孔隙常为空气所占据。土壤空气来源于大气，故其组成接近于大气。但由于土壤中生物的活动，土壤空气中二氧化碳为大气的十至数百倍，氧气含量小于大气。土壤通气性好坏直接影响土壤空气的更新，影响土壤的氧化还原状况。旱地土壤通气性好，土壤中物质以氧化态占优势，氧化还原电位高，铁、锰等易变价元素以氧化态存在，作物常会出现缺铁、缺锰所引起的失绿症；长期淹水的土壤通气性差，土壤中物质以还原态占优势，氧化还原电位低，铁、锰、硫等易变价元素以低价态存在，作物常会出现亚铁、亚锰或硫化氢中毒症。

6. 土壤温度

土壤温度状况影响到种子发芽和作物的生长发育、根系对养分的吸收及其在体内的转化。土温影响土壤中有机质分解、矿物风化和养分形态的转化过程和速率。土壤热量状况对土壤微生物的活性产生极显著的影响。土温的高低还影响土壤中气体的交换、水分的运动及其存在形态。由此可见，土壤热量状况与土壤肥力因素之间关系十分密切。

（二）土壤的化学性质

土壤的化学性质是指土壤中的物质组成、组分之间和固液相之间的化学反应和化学过程，以及离子（或分子）在固液相界面上所发生的化学现象。包括土壤矿物和有机质的化学组成、土壤胶体、土壤溶液、土壤电荷特性、土壤吸附性能、土壤酸度、土壤缓冲性、土壤氧化还原性等。

土壤化学性质和化学过程是影响土壤肥力水平的重要因素之一。除土壤酸度和氧化还原性对作物生长产生直接影响外，土壤化学性质主要是通过对土壤结构状况和养分状况的干预间接影响植物生长。土壤矿物的组成、有机质的数量和组成、土壤交换性阳离子的数量和组成等都对土壤质地、土壤结构直至土壤水分状况和生物活性产生影响。进入土壤中的污染物的转化及其归宿也受土壤化学性质的制约。土壤物理性质，如土壤质地、土壤结构和土壤水分状况对土壤胶体数量和性质、电荷特性、氧化还原程度和土壤溶液的组成有明显影响；土壤生物，尤其是土壤微生物则影响到土壤有机质的积累、分解和更新以及腐殖质的形成。

土壤化学性质可以借助各种方法加以调节和改善。常用的农业措施包括施用有机肥料、客土、耕作、灌水或排水等；化学措施包括对酸性土壤施用石灰、对碱性土施用石膏等。

1. 土壤胶体的离子吸附和交换作用

土壤颗粒中小于 0.002mm 的土粒具有胶体的性质，叫作土壤胶体。土壤胶体可分为无机胶体、有机胶体和有机无机复合胶体。土壤胶体带有电荷，电荷来源主要为黏土矿物晶体中同晶替代作用和胶体表面离子吸附或 OH^- 解离。土壤胶体一般带有净负电荷。

带负电荷的土壤胶体可吸附阳离子。胶体所吸附的阳离子和土壤溶液中的阳离子以及不同胶体上的阳离子由于静电引力和离子热运动可互相交换，叫阳离子的交换吸附作用。在一定 pH 时土壤所含有的交换性阳离子的最大量叫阳离子交换量（CEC）。阳离子的交换作用是土壤中作物有效阳离子的主要保存形式。阳离子交换量高表明土壤的保肥性好。阳离子交换量是高产土壤的重要指标之一，也是衡量土壤缓冲性和环境容量的参数之一。

2. 土壤酸碱性

当土壤溶液中 H^+ 离子浓度大于 OH^- 离子浓度时土壤就呈酸性。土壤溶液中 H^+ 离子浓度的负对数叫 pH 值。土壤呈酸性主要是由土壤胶体上所吸附 H^+、Al^{3+} 和各种羟基铝离子所引起的。

当土壤溶液中 H^+ 离子浓度小于 OH^- 离子浓度时土壤就呈碱性。土壤中含有碳酸钙或重碳酸钙时土壤呈碱性，含有碳酸钠或重碳酸钠时呈强碱性。

我国南方分布有大面积的酸性红黄壤，而北方和内陆有大面积的碱性、石灰性土壤。

自然界中，一些植物对土壤酸碱要求非常严格，它们只能在某一特定的酸碱范围内生长，这些植物可以为土壤酸碱度起指示作用而被称为指示植物。如映山红、茶为酸性土指示植物；碱蓬、盐蒿植物为碱性土指示植物。认识这些植物对于在野外鉴别土壤的酸碱性有帮助。

土壤酸碱度影响营养元素的有效性，从而影响作物生长。一般而言，在 pH 值接近 6~7 范围内，大多数土壤养分元素都有较高的有效性。pH 值低于 6，可溶性铝、铁、锰的数量相对增加，特别是铝离子的大量存在，对作物产生不利影响。此时土壤中的磷素常与铁、铝等离子化合产生沉淀或被固定为不溶性的铁、铝磷酸盐，降低土壤中磷素的有效性。在碱性土中，土壤中的磷素常与钙离子化合形成难溶性磷酸钙。根据土壤酸碱度影响磷素有效性的特点，土壤 pH 值接近或高于 8 时，土壤中铁、锰有效性降低而供给不足，作物"黄化"症正是此原因。微量元素中铜、锌、钼的有效性与土壤 pH 值极为敏感。在 pH 值大于 7 时，铜和锌的有效性显著下降。硼的有效性及其 pH 值范围与磷有些相似，在 pH 值小于 5 和大于 7.5 时，其有效性有降低的趋势。

当土壤酸碱度不适宜的时候，需要对其进行调节。调节土壤酸碱度通常是施用石灰调节土壤的酸度。碱性土可用石膏、硫黄等来改良。

3. 土壤的缓冲性

把少量的酸或碱加入水溶液中，溶液的 pH 值立即发生变化，但是将这些酸或碱加入土壤里，其土壤 pH 值的变化却不大，这种现象称为土壤的缓冲性能或缓冲作用。土壤缓冲作用可以稳定土壤溶液的反应，使酸碱度的变化保持在一定的范围内，不致因土壤环境条件的改变（施肥、有机质的分解等）而产生剧烈的变化。这样就为作物生长与微生物的活动，创造了一个良好的、稳定的土壤环境条件。

（三）土壤的生物特性

土壤的生物特性是土壤动物、植物和微生物活动所形成的生物化学和生物物理学特性。

栖居在土壤中的活的有机体可分为土壤微生物和土壤动物两大类。前者包括细菌、放线菌、真菌和藻类等类群；后者主要为无脊椎动物，包括环节动物、节肢动物、软体动物、线性动物和原生动物。原生动物因个体很小，故也可视为土壤微生物的一个类群。

土壤生物除参与岩石的风化和原始土壤的生成外，对作物的生长和发育、土壤肥力的形成和演变以及高等植物的营养供应状况均有重要作用。

1. 土壤微生物

土壤微生物包括细菌、放线菌、真菌、藻类和原生动物五大类群。土壤微生物在土壤中的作用是多方面的，土壤微生物参与土壤有机物质的矿化和腐殖质化过程，同时通过同化作用合成多糖类和其他复杂有机物质，影响土壤的结构和耕性。参与土壤中营养元素的循环，包括碳素循环、氮素循环和矿物元素循环，促进作物营养元素的有效性。某些微生物有固氮作用，可借助其体内的固氮酶将空气中的游离氮分子转化为固态氮化物。土壤微生物与作物根部营养关系密切，作物根部微生物以及与作物共生的微生物如根瘤菌、菌根和真菌等能为作物直接提供氮素、磷素和其他矿质元素的营养以及各种有机营养，如有机酸、氨基酸、维生素、生长刺激素，等等。

2. 土壤酶

土壤中的生物催化剂，具有加速土壤生化反应速率功能的一类蛋白物质。土壤中的一切生化过程，包括各类作物物质的水解与转化、腐殖物质的合成与分解以及某些无机物质的氧化与还原，都是在土壤酶的参与下进行和完成的。土壤酶在参与生化反应的过程中有很强的专一性，在反应前后自身不发生任何变化。不同的土壤酶类多以酶—有机质复合体存在，故具有共同的作用底物。

3. 矿化作用

在土壤微生物作用下，土壤中有机态化合物转化为无机态化合物过程的总称。有机氮、磷和硫的矿化作用对作物营养有重要意义。作用的强度与土壤的理化性质有关，还受被矿化的有机化合物中有关元素含量比例的影响，如有机氮化合物的矿化作用的强弱，与碳氮比值的大小有关，通常碳氮比值低于 25 的有机氮化合物易于矿化作用，反之则作用较弱。

4. 腐殖化作用

动植物残体在微生物的作用下转变为腐殖质的过程。广泛发生于土壤、水体底部的淤泥、堆肥、沤肥等环境。腐殖化作用的进行有助于土壤肥力的保持和提高。

影响土壤中腐殖化作用的因素主要是生物残体的化学组成、环境的水热条件和土壤性质。

5. 菌根

特定真菌菌丝与作物根联合组成的共生体。具有这种能力的真菌称菌根真菌或菌根菌。菌根可分外生菌根和内生菌根两类。

菌根中的菌根菌伸出根外的菌丝具有与作物根毛相似的吸收能力。由于其伸长的范围常超过根毛，菌根实际上起了扩大作物根对营养元素的吸收面的作用，有利于增进作物对在土壤中迁移缓慢的磷以及铜、锌等营养元素的吸收。

（四）土壤有机质

土壤有机质是土壤固相物质组成之一，是土壤中除碳酸盐及二氧化碳以外的各种含碳化合物的总称。由土壤中或加入土壤中的植物、动物和微生物的残体转化而来。在转化过程中，大部分生物残体在微生物的作用下，以较快的速度被分解为二氧化碳和水分而消散于大气之中；仅有一小部分转化为土壤有机质。土壤有机质与土壤性质和作物营养关系密切，是影响土壤肥力水平的重要因素，不但含有植物需要的养分，而且对土壤性质起着重要的作用。因此，土壤有机质被认为是土壤肥力的中心，是评定土壤肥瘦、好坏的重要标志之一。

1. 土壤有机质的来源、组成和转化

土壤有机质主要来自植物及土壤中的微生物和动物，以及施入的有机肥料，包括秸秆还田、绿肥和植物的根茬等。

从存在的形态看，土壤有机质可分为三大类：一类是新鲜的有机物，即未被分解或很少分解的动植物残体；第二类是多少已被分解的有机物，变成暗褐色，松脆易碎，对疏松土壤有良好的作用；第三类是被微生物彻底改造过的有机物，即腐殖质，它已变成胶体状态与矿质土粒紧密结合，是土壤有机质的主要部分。土壤中如果有机质不断积累，而且处于淹水状态，则形成泥炭。

从化学元素看，土壤有机质的组成主要是碳、氢、氧、氮、磷、钾、钙、镁等作物生长必需的营养元素。

有机质的转化有两个方向，一个是分解作用，另一个是分解—合成作用，即腐殖化过程。分解作用又称为矿质化过程。由复杂的有机化合物变成简单的矿质化合物，如水、二氧化碳、氨等，有机质经分解就可以释放出作物能够吸收的养分。腐殖化过程是微生物将有机质分解的中间产物再转化为腐殖质的过程，这个过程既可将养分暂时贮存起来，形成对土壤性质起重要作用的有机胶体，以后再陆续分解供作物利用。

2. 土壤有机质含量

各类土壤有机质含量（土壤有机质含量% = 土壤全碳含量% × 1.724）的变化幅度很大，主要取决于成土因素，如气候、植被、母质、地形、时间等。

多数矿质土壤的有机质含量在5%以下。某些沼泽土、泥炭土或高山土壤，其表层有机质含量在20%以上或更高（50%以上），此类土壤称有机土壤。

3. 土壤有机质与土壤肥力的关系

土壤中有机质的存在对提高土壤肥力有多方面的作用，主要表现在：有机质有助于提高土温和增强土壤保水性能；有机质常与土壤矿物质发生各种反应，可促进土壤团聚体的形成，增加土壤的渗透性，可提高 Cu^{2+}、Mn^{2+} 和 Zn^{2+} 等微量元素的有效性；土壤有机质有较大的表面积，有助于增强土壤的保肥性和缓冲性；有机物质矿化后释放出 CO_2、NH_4^+、NO_3^-、$H_2PO_4^-$ 和 SO_4^{2-} 等，为作物提供大量有效养分；土壤有机质中若干低分子脂肪酸、腐殖酸等对作物生长或起促进作用或起抑制作用；有机质还可与进入土壤中的化学农药结合，影响农药的生物活性、持续性、降解性、挥发性和淋溶状况等。因此，土壤有机质的含量是评价土壤肥力水平的重要指标。

需要指出，我国多数耕作土壤中的有机质含量偏低，因此，增施有机肥料是提高土壤有机质含量和提高土壤肥力的重要措施。

（五）土壤养分状况

土壤中能直接或经转化后被作物根系吸收的矿质营养成分主要有氮（N）、磷（P）、钾（K）、钙（Ca）、镁（Mg）、硫（S）、铁（Fe）、硼（B）、钼（Mo）、锌（Zn）、锰（Mn）、铜（Cu）和氯（Cl）13 种元素。

1. 土壤养分的形态及有效性

土壤养分按其化学形态可分有机态和无机态两大类。作物以吸收无机态养分为主，吸收有机态养分较少。按土壤养分存在状态可分为：

①溶解状态即溶解于土壤溶液中的呈离子态存在的土壤养分，如 NH_4^+、NO_3^-、PO_4^{3-}、K^+ 等。

②吸附态即吸附在土壤胶体表面的离子态养分，主要是吸附在带负电荷胶体表面的阳离子，如吸附性 N^+、吸附性 K^+、吸附性 Ca^{2+} 等。

③难溶解状态即存在于土壤矿物和有机质及难溶性盐类中的养分，其组成和结构都较复杂。

土壤养分从对作物的有效性而言，溶解态养分是最易为作物吸收的有效养分；吸附态养分较快地转变为液相溶解态养分后也能为作物吸收，故也属有效养分；难溶态养分必须经历一系列生物或化学反应逐步转化为吸附态和溶解态养分时，才能为作物吸收，属潜在养分。这三种状态的养分在土壤中处于相互转化的动态平衡之中。

土壤的养分状况决定于养分的总量和其中的有效部分，后者对当季作物的养分供应起重大作用，而前者则代表土壤养分的供应潜力。

2. 土壤养分含量与供应能力

我国耕作土壤的主要养分含量一般为：氮 0.03% ~ 0.35%；磷（P_2O_5）0.04% ~ 0.25%；钾（K_2O）0.1% ~ 3%；其他养分含量远远少于这些。土壤养分的总贮量中，有很小一部分能为当季作物根系迅速吸收同化的养分称有效养分；其余绝大部分必须经过生物的或化学的转化作用方能为作物所吸收的养分称潜在养分。一般而言，土壤有效养分含量约占土壤养分总贮量的百分之几至千分之几或更少。

土壤养分总量是作物养分的贮备，与一季作物的需要量相比要大得的多。例如我国中等肥力的土壤，其养分含量，假定能被全部利用，每公顷耕地的土壤氮可供年产7500kg的作物利用15~30年，磷为30~45年，钾为140~300年。但是对当年作物来说，只有土壤中有效的部分才是有意义的。一般土壤中，这一部分所占比例很小，比如土壤中的有效氮只占全部氮的0.05%以下，磷、钾通常只占0.03%~0.05%，甚至更低。据统计，我国耕地几乎普遍缺乏有效氮素，近2/3的耕地缺乏有效磷素，有1/3的耕地缺乏有效钾，必须借助肥料以弥补其不足。

3. 影响土壤养分有效性的主要因素

影响土壤养分有效性的因素：一是难溶态养分转化为溶解态养分的速度，受土壤矿物类型、有机质含量、质地、通气和水分状况以及pH值等的制约；二是土壤溶液中养分的强度因素和数量因素；三是土壤养分与作物根表的接触。有效养分如不与作物根表接触，仍属无效养分。

六、作物与营养条件

土壤为作物生长提供了支撑固定条件，同时也是作物吸收养分的场所。但是自然土壤往往难以满足作物生长发育所需要的营养条件，为补充土壤养分的不足，必须施肥以营造良好的营养条件。了解作物生长发育所需的营养元素种类和数量、各种营养元素的作用，并在此基础上通过施肥手段为作物提供充足的养分，创造良好的营养条件，从而达到提高作物产量和改善产品品质的目的。

（一）作物必需的营养元素及其生理功能

绿色植物从外界环境中吸取其生长发育所需的养分，并用以维持其生命活动，称为营养。植物体所需的化学元素称为营养元素。营养元素转变（合成与分解）为细胞物质或能源物质的过程称为新陈代谢。

1. 作物必需的营养元素

所谓作物必需的营养元素，是指作物正常生长所必需的，缺乏它作物就不能正常生长，而其功能又不能为其他元素所替代的元素。

迄今为止已确认的作物必需的营养元素有16种，分别是碳（C）、氢（H）、氧（O）、氮（N）、磷（P）、钾（K）、钙（Ca）、镁（Mg）、硫（S）、铁（Fe）、锰（Mn）、铜（Cu）、锌（Zn）、硼（B）、钼（Mo）、氯（Cl）。其中碳（C）、氢（H）、氧（O）、氮（N）、磷（P）和钾（K）作物需要量相对较大，一般称为大量元素；钙（Ca）、镁（Mg）

和硫（S）称为中量元素；其他营养元素作物需要量极少，故称为微量元素。相信随着科学技术的进步，例如化学试剂纯度和分析方法精确度的提高，今后还将会证明更多元素是植物必需的。

作物对氮、磷、钾需要量较多，而土壤又往往不能满足作物的需要，需要以肥料的形式加以补充。故称它们为"肥料三要素"。

2. 必需营养元素的生理功能

必需营养元素在作物体内的生理功能有三个方面：首先是细胞结构物质的组成成分；其次是作物生命活动的调节者，参与酶促反应；最后起电化学作用，即离子浓度的平衡、胶体的稳定和电荷中和等。大量元素同时具备上述 2~3 方面的生理功能，大多数微量元素只有酶促功能。

（1）氮素

作物需要多种营养元素，而氮素尤为重要。从世界范围看，在所有必需营养元素中，氮是限制作物生长和形成产量的首要因素。一般作物含氮量约占作物体干重的 0.3%~0.5%。豆科作物含有丰富的蛋白质，含氮量也高。禾本科作物一般含氮量较少，大多在1%左右。

氮是作物体内许多重要有机化合物的组分，例如蛋白质、核酸、叶绿素、酶、维生素、生物碱和一些激素等都含有氮素。氮素也是遗传物质的基础。

作物氮素营养充足时，植株叶片大而鲜绿，光合作用旺盛，叶片功能期延长，分枝（分蘖）多，营养体健壮，产量高。

（2）磷

作物体的含磷量相差很大，为干物重的 0.2%~1.1%，而大多数作物的含量在 0.3%~0.4%，其中大部分是有机态磷，约占全磷量的 85%，而无机态磷仅占 15% 左右。油料作物含磷量高于豆科作物；豆科作物高于谷类作物；生育前期的幼苗含磷量高于后期老熟的秸秆；幼嫩器官中的含磷量高于衰老器官，繁殖器官高于营养器官，种子高于叶片，叶片高于根系，根系高于茎秆等。

磷的营养生理功能主要表现在它是大分子物质的结构组分，又是多种重要化合物如核酸、磷脂、核苷酸、三磷酸腺苷（ATP）、植素等的组分，同时积极参与体内的碳水化合物代谢、氮素代谢和脂肪代谢等，磷也能提高作物抗逆性和适应能力。

（3）钾

许多作物需钾量都很大，它在作物体内的含量仅次于氮。一般作物体内的含钾量

（K$_2$O）占干物重的 0.3%～5.5%，有些作物含钾量比氮高。通常，含淀粉、糖等碳水化合物较多的作物含钾量较高。谷类作物种子中钾的含量较低，茎秆中钾的含量则较高。薯类作物的块根、块茎的含钾量也比较高。钾在作物体内不形成稳定的化合物，而呈离子状态存在。至今尚未在作物体内发现任何含钾的有机化合物。钾的营养生理功能为促进光合作用和提高 CO$_2$ 的同化率，促进光合作用产物的运输，促进蛋白质合成，影响细胞渗透调节作用，影响作物的气孔运动与渗透压、压力势，激活酶的活性，增强作物的抗逆性。此外钾营养对作物品质有重要影响。

（4）钙

高等植物对钙的需要量大，钙在叶片中大量存在。其正常浓度范围在 0.2%～1.0%。钙对细胞膜构成和渗透性起重要作用，参与第二信使传递，在细胞伸长和分裂方面起重要作用。

（5）镁

作物体中的镁的浓度一般为 0.1%～0.4%。镁是叶绿素分子中仅有的矿质组分，也是核糖体的结构组分，镁参与同磷酸盐反应功能团有关的转移反应。

（6）硫

作物根几乎只吸收硫酸根离子 SO$_4^{2-}$。低浓度气态 SO$_2$ 可被作物叶片吸收并在植株内利用，但高浓度气态硫有毒害作用。植株中硫浓度一般介于 0.1%～0.4%。在小麦、玉米、菜豆和马铃薯等作物中硫与磷含量相同或略低，但在苜蓿、卷心菜和萝卜中其量甚大。

在作物生长和代谢中硫有多种重要功能，胱氨酸、半胱氨酸和蛋氨酸等含硫氨基酸需要硫，蛋白质或多肽中硫的主要功能是在多肽链中形成二硫键，合成辅酶 A、生物素、硫胺素（即维生素 B$_1$）和谷胱甘肽也需要硫，硫还是其他含硫物质的组分，作物合成叶绿素也需要硫。

（7）硼

硼在单子叶植物和双子叶植物中的浓度通常分别为 6～18mg/kg 和 20～60mg/kg。大多数作物成熟叶片组织中硼水平在 20mg/kg 以上就足够了。硼在作物分生组织的发育和生长中起重要作用，尤其在分生组织新细胞的发育，花粉管的稳定性和花粉的萌动及其生长、正常受粉、坐果和结籽，糖类、淀粉、氮和磷转运，氨基酸和蛋白质合成，豆科植物结瘤，调节碳水化合物代谢等方面。正因如此，我国油菜产区发生的"花而不实"与植株缺硼有关。

（8）铁

作物中铁的正常范围一般是 50~250mg/kg。通常以干物质计铁的含量在 50mg/kg 或以下时可能出现缺铁症。铁既作为结构组分，又充当酶促反应的辅助因素。

（9）锰

植株中正常浓度一般为 20~500mg/kg。通常植株地上部分锰的水平在 15~25mg/kg 时则表现缺锰。锰参与光合作用，特别是氧释放；也参与氧化还原过程、脱羧和水解反应。在许多磷酸化反应和功能基团转移反应中锰能代替镁。在大多数酶系统中镁与锰同样有效地促进酶转变。

（10）铜

铜在作物组织中的正常浓度为 5~20mg/kg。若以作物干物的质量计，降到 4mg/kg 水平以下时可能表现缺乏。铜参与以下酶系统或代谢过程：氧化酶、酪氨酸酶、虫漆酶和抗坏血酸氧化酶；细胞色素氧化酶的末端氧化作用；质体蓝素介导的光合电子传递。

（11）锌

在作物干物质中正常含量为 25~150mg/kg，低于 20mg/kg 则缺锌，叶片中锌水平超过 400mg/kg 发生毒害。锌在作物体内参与多种酶活动，但不能肯定其中锌究竟是功能性、结构性还是调节性辅助因子。锌参与以下酶系统或代谢过程：生长素代谢、色氨酸合成酶、色胺代谢；脱氢酶、磷酸二酯酶、碳酸酐酶（存在于叶绿体中）、过氧化物歧化酶、促进合成细胞色素 C；稳定核糖体。

（12）钼

一般作物干物质中钼含量低于 1mg/kg，缺钼植株中通常低于 0.2mg/kg。因土壤溶液中含 MoO_4^{2-} 极少，所以植株中钼浓度一般很低。钼是硝酸还原酶的必需组分。植株中大多数钼都集中于这种酶中，这种酶为水溶性钼黄蛋白，存在于叶绿体被膜中。钼是固氮酶结构组分。已观察到豆科作物根瘤中 10 倍于其在叶片中的钼浓度。还有报道表明，钼在作物对铁的吸收和运输中起着不可替代的作用。

（13）氯

直到 20 世纪 50 年代，氯元素才被证实为作物生长所必需。一般认为，作物需氯几乎与需硫一样多。氯的生理作用主要表现在参与光合作用、调节气孔运动、激活 H^+ 泵和 ATP 酶、抑制病害发生等方面。

（二）作物营养元素的缺乏症状

作物缺乏任何一种必需元素或某一营养元素过量，生理代谢就会发生障碍，从而在外形上表现出一定的症状，这就是所谓缺素症或过量症状。根据形态、生理、生化变化，判断作物的营养状况，称为营养诊断。作物营养诊断的常用方法大致可有：形态诊断、化学诊断和酶学诊断。以下介绍根据作物形态上的差异进行作物营养的诊断。

1. 缺氮

氮素缺乏症首先在下部叶片上发生，开始是绿色减退，生长减缓，植株矮小。继而下部叶变成柠檬黄或橘黄色，叶片焦枯，并逐渐脱落。

从作物幼苗到成熟期的任何生长阶段里都可能出现氮素的缺乏症状。

苗期：由于细胞分裂减慢，苗期植株生长受阻而显得矮小、瘦弱，叶片薄而小。禾本科作物表现为分蘖少，茎秆细长；双子叶作物则表现为分枝少。

后期：若继续缺氮，禾本科作物则表现为穗短小，穗粒数少，籽粒不饱满，并易出现早衰而导致产量下降。作物缺氮的显著特征是植株下部叶片首先褪绿黄化，然后逐渐向上部叶片扩展。

作物缺氮不仅影响产量，而且使产品品质也明显下降。供氮不足致使作物产品中的蛋白质含量减少，维生素和必需氨基酸的含量也相应地减少。

2. 缺磷

作物缺磷的症状常首先出现在老叶上。植株缺磷初期，下部叶片呈反常暗绿色或呈紫红色，叶狭长而直立，继而植株矮小，呈簇生状态。缺磷作物根系不发达，影响地上部分生长。

3. 缺钾

作物缺钾时，下部叶的尖端及边缘出现典型的缺绿斑点，斑点的中心部分随即死去；这些斑点逐渐扩大，并且干枯，变为棕色；叶片中心部分的绿色变深，枯死的组织往往脱落，以至叶片出现残缺。在叶片枯死斑点出现以前，叶片向下卷曲。作物前期缺钾时，生长缓慢的情况不马上表现出来，而大多是在生长旺盛的中期表现出来。

4. 缺钙

作物缺钙的外观症状发生在幼叶上，首先叶色变淡绿色，然后顶芽幼叶的尖端下弯卷，接着幼叶的尖端及边缘枯腐，叶形残缺不整。而较老的叶片可仍保持正常状态。

缺钙时，作物生长受阻，节间较短，因而一般较正常生长的植株矮小，而且组织柔软。缺钙植株的顶芽、侧芽、根尖等分生组织首先出现缺素症，易腐烂死亡，幼叶卷曲畸形，叶缘开始变黄并逐渐坏死。

5. 缺镁

缺镁症状在下部叶片上首先发生。根据缺乏的程度，叶片绿色可减退至白色，而叶脉及其紧邻部分仍保持正常的绿色，绿色减退由尖端及边缘开始向叶基及中心扩展。作物在镁素极缺乏的情况下，下部的叶片颜色几乎变成白色，但仍极少干枯或产生枯死的斑点。作物缺镁后根系生长数量明显受阻。

6. 缺硫

作物缺硫会使整个植株变成淡绿色，幼叶较老叶的颜色更为浅淡。下部老叶的缺乏症不像缺氮那样发生焦枯现象，据此可与氮素缺乏症状区别。硫素缺乏后，作物生长可能有些缓慢，叶尖常常向下蜷缩，叶面上会发生一些突起的泡点。硫素缺乏大多发生在作物的生长早期，特别是在干旱的季节易发生。

7. 缺锰

缺锰症状首先在幼叶出现，叶色失绿，但叶脉及叶脉附近仍保持绿色，叶片外观呈绿色纱网状，似同缺镁，但缺镁首先发生在下部叶。缺锰使植株矮化，颜色淡绿，组织坏死。

在田间条件下，明显的锰缺乏症状不易见到。可能与锰缺乏常与土壤碱性有关，而在这种土壤上，容易发生作物根黑腐病，当作物感染了根黑腐病后，同时也隐蔽了锰素缺乏的病症。

8. 缺硼

缺硼植株首先表现在新的嫩叶基部褪淡，然后叶子在基部折断，有的第二次再生，有清楚的折印，缺硼严重时，茎尖生长点生长受抑制坏死或畸形扭曲，嫩叶芽未开展时就从基部坏死，生长停滞。叶片生长受阻，根系明显瘦小。生殖器官发育受阻，结实率低，果实小、畸形，缺硼导致种子和果实减产，严重时有可能绝收。

9. 缺铜

作物在铜素不足时，下部叶片首先出现枯死斑，继而整个植株生育不良，植株显暗绿色，缺铜严重时，上部叶片膨压消失，花序以下的茎弯曲，出现似永久萎蔫症状。缺铜常有一个明显的特征，即某些作物花的颜色发生褪色现象，如蚕豆缺铜时，花的颜色由原来的深红褐色变为白色。

10. 缺锌

作物缺锌时，下部叶片缺绿，出现不规则的枯斑，植株生长缓慢，节间短，植株失绿。生长受抑制，尤其是节间生长严重受阻，并表现出叶片的脉间失绿或白化症状。

11. 缺钼

缺钼时，作物下部叶片缺绿、边缘由黄到白色，伴随坏死斑点，叶片皱缩有波浪状，根系弱。缺钼还有可能引起早花。缺钼的共同特征是植株矮小，生长缓慢，叶片失绿，且有大小不一的黄色或橙黄色斑点，有时叶片扭曲呈杯状，老叶变厚、焦枯，以至死亡。

12. 缺铁

缺铁作物下部叶色绿，渐次向上褪淡，新叶全部黄化或脉间黄化，老叶仍保持绿色。缺铁的玉米其新生叶片黄化，中部叶片叶脉间失绿，呈清晰的条纹伏，但是下部叶片仍保持绿色。缺铁的油菜，新生叶片脉间失绿黄化，老叶仍保持绿色。

13. 缺氯

缺氯的一般症状是：叶片失绿、凋萎。在大田中很少发现作物缺氯症状，因为即使土壤供氯不足，作物还可从雨水、灌溉水，甚至从大气中得到补充。实际上，氯过多倒是生产上的一个问题。

（三）作物营养关键时期

1. 作物营养的阶段性

作物从种子萌发、营养生长、生殖生长到形成种子的整个生活周期内，要经历不同的生育阶段。在这些生育阶段中，除前期种子营养阶段和后期根系停止吸收养分阶段外，在其他的各生育阶段中都要通过根系从土壤中吸收养分。作物吸收养分的整个过程称为作物营养的连续性。

在作物生长发育过程中，又常表现出不同的营养阶段，每个营养阶段作物吸收养分的特点是不同的。主要表现在对营养元素的种类、数量和比例等方面有不同的要求，这是作物营养的阶段性。

作物吸收养分与其生长速度有密切关系。在种子萌发、出苗以后，幼苗首先是利用种子中所贮存的养分，从外界吸收的养分极少。随着幼苗逐渐长大，吸收养分的数量也不断增加，直到开花、结实期，吸收养分的数量达最大值。作物生长后期，生长量渐小，养分需求量也明显下降，到成熟期即停止吸收养分。作物衰老时，根部还有可能出现养分外溢现象。

虽然各种作物吸收养分的具体数量不同，不同生育期养分吸收状况与植株干物质累积趋势是一致的。一般说来，生长初期，干物质积累少，养分吸收数量也不多；而在生长发育旺盛期，干物质累积量迅速增加，吸收养分的数量和吸收强度也随之提高，到了成熟阶段，干物质累积速度减缓，吸收养分的数量逐渐下降。

在作物营养阶段中，根据作物对养分反应强弱和敏感性，把作物对养分的反应分为营养临界期和营养最大效率期。如能及时满足这两个重要时期对养分的要求，能显著地促进作物的生长和发育。

2. 作物营养的临界期

作物在生长发育的某一时期，对养分的要求虽然在绝对数量上并不一定多，但要求很迫切很敏感，如果这时缺乏某种养分，就会明显抑制作物的生长发育，产量受到严重影响。此时造成的损失难以弥补，这个时期称为作物营养临界期。

大多数作物的磷营养临界期都在幼苗期。例如，玉米一般在三叶期，此时种子中贮藏的磷营养已近于耗尽，急需从土壤中获得磷营养。此时大部分幼根在土壤表层，尚未伸展，且吸收养分的能力弱，对磷的需要就显得十分迫切。而土壤溶液中磷的浓度往往很低，且移动性很小，难以迅速迁移到根表。所以作物幼苗期容易表现出缺磷。采用少量磷肥做种肥，常有很好效果。

作物氮营养临界期一般比磷营养临界期要稍晚一些，往往是在营养生长转向生殖生长的时期。例如小麦是在分蘖和幼穗分化期两个时期，此时如缺乏氮素，则表现为分蘖少、穗分化受阻、产量低。后期补施氮肥，对增加单位面积穗数和穗粒数已无济于事，无法弥补关键时期所造成的损失。

作物钾营养临界期的确定有一定难度，因钾在作物体内流动性大，有高度被再利用的能力，一般不易判断。

3. 作物营养最大效率期

在作物生长发育的过程中的某一时期，作物对养分的要求，不论是在绝对数量上，还是吸收速率上都是最高的，此时使用肥料所起的作用最大，增产效果也最为显著，这个时期就是作物营养最大效率期。这一时期常常出现在作物生长的旺盛时期，其特点是生长量大，需养分多。因此，为夺取作物高产，应及时补充养分。各种营养元素的最大效率期并不一致，如甘薯在生长初期，氮素营养效果较好。而在块根膨大时，则磷、钾营养的效果最好。不同营养元素的最大效率期并不一致，就氮素而言，其最大效率期玉米一般在大喇叭口到抽穗初期；小麦在拔节到抽穗期；棉花则在开花结铃期。

作物营养虽有其阶段性和关键时期，但也不可忽视作物吸收养分的连续性。

（四）作物的有机营养

作物对有机养分的吸收、利用过程以及有机养分在作物新陈代谢中的作用逐渐为人们认识。已经证明，作物主要吸收无机养分，同时也能少量吸收一些小分子量的有机养分。而且一些有机养分能够优先于无机养分被吸收，一些有机养分的肥效比同样的无机养分高。

1. 对含氮有机物的吸收

作物所能吸收的含氮有机物主要有尿素、氨基酸、核酸（DNA 和 RNA）和酰胺。其营养作用常因作物而异。三叶草、豌豆能较好地吸收天冬氨酸与谷氨酸，而大麦和小麦则不能，但可吸收甘氨酸和 α-丙氨酸。

作物不仅能吸收氨基酸和酰胺，而且还能使它们在体内迅速转运和转化。给水稻秧苗施以14C-甘氨酸，5min 后就能在自显影照片上观察到水稻根吸收了少量甘氨酸，5h 后甘氨酸已转运到叶部；48h 后吸收量达最大值。14C-甘氨酸吸收后就开始转化为其他氨基酸、糖类、有机酸等一系列化合物而进入各种代谢系统，从而产生营养效果。

2. 对含磷有机物的吸收

含磷有机物亦能被作物吸收利用。有试验用标记的 1-磷酸葡萄糖和 1，6-磷酸葡萄糖在大麦、小麦和菜豆上进行试验。结果表明，作物能够很好地吸收有机磷。而且，当营养液中有磷酸盐离子存在时，含磷有机物照样能顺利地进入作物体内并参与代谢。

除 RNA 和 DNA 外，作物还能吸收核酸的降解产物，如核苷酸、嘧啶、嘌呤和肌醇一磷酸等。用化学纯的肌醇六磷酸进行无菌培养，以无机完全培养液作对照，在等养分条件下比较，结果表明肌醇六磷酸处理的稻苗生长良好，表明肌醇六磷酸的营养效果明显优于无机磷。还有进一步的研究证明，作物吸收利用含磷有机物的能力并不完全相同，有菌根的作物吸收利用有机磷的能力一般比无菌根的作物强。

3. 对糖类、酚类等有机物的吸收

有机肥中含有多种可溶性糖，包括蔗糖、阿拉伯糖、果糖、葡萄糖、麦芽糖等。其中葡萄糖含量较高，是作物最易吸收的一种中性糖。以水稻为材料，用14C-葡萄糖进行无菌培养试验，分别在培养 1 天及 5 天后取样，制备放射自显影照片。结果表明：1 天内穗部即带放射性，14C-同化物已达穗部；5 天内整株水稻带放射性，14C-同化物已分布到水稻植株各部分。

作物除吸收可溶性糖外，还能吸收一些酚类、有机酸类等物质。据研究，作物幼苗可吸收腐殖质中的羟苯甲酸、香草酸和丁香酸等。当它们被麦苗根系吸收后，只有极少量被输送到芽部，一部分被氧化为醌类化合物，大部分被转化成葡萄糖苷或葡萄糖脂的形态。

试验证明腐殖酸有改善作物品质的作用。腐殖酸类物质（或腐殖酸降解产物）中含有较多的低分子有机营养物质对作物品质改善起作用；腐殖酸可以与作物体内不易移动的微量元素络合或整合，增加这些元素从作物根部或叶部向其他部位运输的数量，调节大量元素与微量元素的比例和平衡状况对产品品质产生直接影响；如能够促进糖转化酶的活动，使难溶于水的多糖转化为可溶性单糖，使果实的糖分增加，促进淀粉磷酸化酶的活动，使淀粉的合成、积累加速；影响转移酶的活性，加速各种代谢的初级产物从茎叶或根系向果实种子中运转，形成复杂的、对人类有益的营养成分。近年来，腐殖酸在农业上多作液体叶面肥载体而加以利用，例如叶面宝、喷施宝、茂而多、高美施等。

外源羧酸对作物呼吸代谢、光合作用和碳氮代谢以及生长发育和产量影响方面的研究已取得不少进展，但是，外源羧酸对作物品质的效应研究甚少。事实上，羧酸对作物物质代谢的影响既表现在产量上，同时也对品质产生一定影响。据研究，不同施氮水平，根外喷施一定浓度乙酸和柠檬酸对水稻籽粒粗蛋白和淀粉有明显影响。

植酸又名子酸、六磷酸肌醇，有研究证明植酸具有抑制淀粉酶和促进淀粉合成酶合成淀粉的作用。从水稻碾米品质看，用植酸喷施后的稻米米粒硬度较强，不易破碎。喷施植酸后，稻米的碱消值以抽穗期和齐穗期处理的平均值略高于对照（即糊化温度低），其他处理的结果与对照相当。

聚乙烯醇系长链状高分子碳氢化合物，农业上一般作为土壤改良剂。近年有研究报道，将聚乙烯醇系长链状高分子碳氢化合物用于烟草生产发挥了较好的影响。试验表明，土壤浇施 0.6% 的聚乙烯醇系长链状高分子碳氢化合物，对烟草产量、化学成分产生明显的影响，中上等烟率明显高于对照品种，均价、产值均达极显著水平。

此外，作物能较好地吸收激素和生长调节物质。如生长素（吲哚乙酸）、赤霉素、细胞分裂素、脱落酸和乙烯等有机化合物，并在促进和调节其生长发育、提高产量、改善品质上起到了一定作用。

第三章 作物配方施肥的方法与技术

第一节 养分平衡法

养分平衡施肥法是根据作物计划产量需肥量与土壤供肥量之差估算施肥量的方法，以"养分归还学说"为理论依据，是施肥量确定中最基本、最重要的方法。

施肥量＝（计划产量所需养分总量−土壤供肥量）/肥料中养分含量×肥料中该养分利用率 (3-1)

养分平衡法又称目标产量法。其核心内容是农作物在生长过程中所需要的养分是由土壤和肥料两个方面提供的。"平衡"之意就在于通过施肥补足土壤供应不能满足农作物计划产量需要的那部分养分。只有达到养分的供需平衡，作物才能达到理想的产量。

养分平衡法涉及四大参数，其中土壤供肥量参数的确定方法较多，已经形成了因计算土壤供肥量的方法不同而区分为地力差减法和土壤有效养分校正系数法两种。

一、地力差减法

地力差减法是根据作物目标产量与基础产量之差，求得实现目标产量所需肥料量的一种方法。不施肥的作物产量称之为基础产量（或空白产量），构成基础产量的养分主要来自土壤，它反映的是土壤能够提供的该种养分量。目标产量减去基础产量为增产量，增产量要靠施用肥料来实现。因此，地力差减法的施肥量计算公式是：

施肥量＝［单位经济产量所需养分量×（目标产量−基础产量）/肥料中养分含量×肥料利用率 (3-2)

上式表明：要利用地力差减法确定施肥量，就必须掌握单位经济产量所需养分量（也称养分系数）、目标产量、基础产量、肥料中养分含量和肥料利用率等五大参数。

（一）几个参数的确定

1. 基础产量

基础产量的确定方法很多，这里仅介绍常用的三种方法，生产中可以用任何一种。

（1）空白法

在种植周期中，每隔2～3年，在有代表性的田块中留出一小块或几块田地，作为不施肥的小区，实际测定一次不施肥时的基础产量。这种方法得到的参数具有接近生产实际，操作容易，但周期长，基础产量偏低的特点。

（2）田间试验法

选择在有代表性的土壤上设置五项不同肥料处理的田间试验，分别测得不施氮、磷和钾时的基础产量。

（3）用单位肥料的增产量推算基础产量

在一定生产区域内，进行肥料增产效应的研究，求算单位肥料的增产量，然后推算各田块不施肥某种养分的基础产量。该种方法因为单位肥料的增产量不是一个定值，是随土壤肥力的提高和施肥量的增加逐渐减小的变量，具有快捷、可变、粗放的特点。

2. 目标产量

目标产量是实际生产中预计达到的作物产量，即计划产量是确定施肥量最基本的依据。目标产量应该是一个非常客观的重要参数，既不能以丰年为依据，又不能以歉年为基础，只能根据一定的气候、品种、栽培技术和土壤肥力来确定，而不能盲目追求高产。若指标定得过高，势必异乎正常地增加肥料用量，即使产量有可能得到一时的保证，也会造成肥料浪费，经济效益低下，甚至出现亏损，造成环境污染。若指标定得太低，土地的增产潜力得不到充分发挥，造成农业生产低水平运作，也是时代发展所不允许的。那么怎样才能确定合理的目标产量呢？基于近年来我国在各地进行的试验研究和生产实践，从众多目标产量确定方法中选择"以地定产法""以水定产法"和"前几年平均单产法"这三个最基本也最有代表性的方法进行介绍。

（1）以地定产法

就是根据土壤的肥力水平确定目标产量的方法。这一方法的理论依据是农作物产量的形成主要依靠土壤养分，即在施肥和栽培管理处在最佳状态下，农作物吸收的全部营养成分中仍有55%～75%是来自土壤原有的养分，而肥料养分的贡献仅占25%～45%。研究表明，作物对土壤养分的关系一般为土壤肥力水平越高，土壤养分效应越大，肥料养分效应越少；反之，土壤肥力水平越低，土壤养分效应越小，肥料效应越大。因此，我们把作物对土壤养分的依赖程度叫作依存率，其计算公式为：

$$依存率 = 无肥区农作物产量 / 完全肥区农作物产量 \times 100\% \qquad (3-3)$$

"以地定产法"的提出为平衡施肥确定目标产量提供了一个较为准确的计算方法，把经验性估产提高到计量水平。但是，它的应用只能在土壤无障碍因子以及气候、雨量正常的地区应用，否则，要考虑其他因子对产量的影响。

（2）以水定产法

在降雨量少，又无灌溉条件的旱作区，限制农作物产量的因子是水分而不是土壤养分，在这些地区确定目标产量首先要考虑降雨量和播前的土壤含水量，然后再考虑土壤养分含量。据统计研究，旱作区在 150~350 毫米降水量范围内，每 10 毫米降水可影响 75~127.5 千克/公顷春小麦的产量。这一效应称为水量效应指数，但水量效应指数（每 10 毫米、降水量生产的小麦千克数）也是经验参数，可以此来预测当年可能达到的目标产量，即为"以水定产法"。各旱作区可以根据多年来降雨量与各种作物产量之间的关系，建立自己的水量效应指数，然后利用气象部门的长期天气预报估计目标产量。

（3）前几年平均单产法

一般利用施肥区前 3 年平均单产和年递增率为基础确定目标产量的方法叫作前几年平均单产法，其计算公式是：

$$目标产量 = (1 + 年递增率) \times 前 3 年平均单产 \qquad (3-4)$$

为什么用前 3 年的平均单产？这是因为在我国 3 年中很少年年丰收或歉收。如果用前 5 年甚至前 7 年的平均单产就会比前 3 年平均单产偏低，道理是农业生产不断发展，科学技术不断提高，优良品种不断更新，栽培技术不断变化，抗灾能力不断增强，作物产量也在不断提升。因此，用前 5 年或前 7 年的平均单产拟定目标产量就会偏低，缺乏积极意义。关于单产平均年递增率，可以用年代长一些的统计数字，根据农业部肥料司下达的《关于配方施肥的工作要点》中指出的，一般粮食作物的年递增率为 10%~15% 为宜。对于蔬菜作物，尤其是设施园艺作物应该再高一些。

3. 形成100千克经济产量所需养分量

农作物在其生育周期中，形成一定的经济产量所需要从介质中吸收的各种养分数量称为养分系数，养分系数因产量水平、气候条件、土壤肥料和肥料种类而变化。

有了100千克经济产量所需养分量，就可以按下列公式计算出实现目标产量所需养分总量、土壤供肥量和达到目标产量需要通过施肥补充的养分量。

目标产量所需养分含量 = 目标产量/100 × 100千克经济产量所需养分量　（3 – 5）

土壤供肥量 = 基础产量/100 × 100千克经济产量所需养分量施肥补充养分量 =

目标产量所需养分总量 – 土壤供肥量或　　　　　　　（3 – 6）

施肥补充养分量 = （目标产量 – 基础产量)/100 × 100千克经济产量所需养分量

（3 – 7）

4. 肥料利用率

（1）肥料利用率的概念

肥料利用率是指当季作物从所施肥料中吸收的养分占施入肥料养分总量的百分数。

（2）肥料利用率的测定方法

肥料利用率是最易变动的参数，国内外无数试验和生产实践结果表明，肥料利用率因作物种类、土壤肥力、气候条件和农艺措施而异，同一作物对同一种肥料的利用率在不同地方或年份相差甚多，因此为了较为准确地计算施肥量，必须测定当地的肥料利用率。目前，测定肥料利用率的方法有两种。

①示踪法：将有一定丰度的 ^{15}N 化学氮肥或有一定放射性强度的 ^{32}P 化学磷肥或 ^{86}Rb 化合物（代替钾肥）施入土壤，到成熟后分析农作物所吸收利用的 ^{15}N 或 ^{32}P 或 ^{86}Rb 量，就可以计算出氮或磷或钾肥料的利用率。由于示踪法排除了激发作用的干扰，其结果有很好的可靠性和真实性。

②田间差减法：利用施肥区农作物吸收的养分量减去不施肥区农作物吸收的养分量，其差值可视为肥料供应的养分量，再除以所用肥料养分量，其商数就是肥料利用率。

田间差减法测得的肥料利用率一般比示踪法测得的肥料利用率高。其原因是施肥激发了土壤中的该种养分的吸收以及与其他养分的交互作用。田间差减法的计算公式：

肥料利用率 = （施肥区农作物吸收的养分量–不施肥区农作物吸收的养分量）/肥料施

用量×肥料养分含量×100%   (3-8)

田间差减法测定肥料利用率，一般农户都可以进行。选好地块和作物，设置无肥区和施肥区两个区，每区面积不宜太大，播种管理与一般大田管理相同，成熟后单打计产，即可计算出肥料利用率。

5. 肥料中有效养分含量

肥料中有效养分含量是个基础参数。与其他参数相比较，它是比较容易得到的，因为现时各种成品化肥的有效成分是按标准生产的，都有定值，而且标明在肥料的包装物上，使用时查找有关书籍即可。

（二）肥料用量的计算

当我们知道了目标产量、基础产量、100千克经济产量所需养分量、肥料中养分含量、肥料利用率这五大参数，即可按下式算出施肥量。

施肥量＝［（目标产量-基础产量）÷100×100千克经济产量所需养分量］/肥料中养分含量×肥料利用率   (3-9)

二、土壤有效养分校正系数法

（一）土壤有效养分校正系数法的概念

土壤有效养分校正系数法是测土平衡施肥的一种方法。测土平衡施肥的基本思路是基于农作物营养元素的土壤化学原理，用相关分析选择最适浸提剂，测定土壤有效养分，计算土壤供肥量，进而计算作物施肥量的一种方法。也就是说，测土平衡施肥的基本原理仍然是斯坦福公式，但土壤供肥量是通过测定土壤有效养分含量来估算的。测定土壤有效养分含量，用毫克/千克表示，然后计算出每公顷含有多少有效养分量，以耕层（0～20厘米）2.25×10千克/公顷土壤计算，则一个毫克/千克的养分，在每公顷中所含的有效养分量为2250000×1/1000000＝2.25千克，习惯上把2.25看作常数，称为土壤养分换算系数。例如，某田块土壤有效磷含量为10毫克/千克（Olsen法），则这块地土壤含有效磷量为10×2.25＝22.5千克。

显然，这种方法与地力差减法相比具有时间短、简单快速和实用性强的特点。

但是土壤具有缓冲性能，因此测得土壤有效养分的任何数值，只代表有效养分的相对含量，而且测出的有效养分值也不可能全部被作物吸收利用，土壤有效养分是一个动态的变化值，即使当时测定时含量很少，在作物生长过程中由于某种影响，可能导致缓效养分变成速效养分，这样作物吸收的养分量又可能多于测定值；反之，作物吸收的养分量可能少于测定值。怎样把土测值转化为作物实际吸收值呢？可以将土壤有效养分测定值乘一个系数，以表达土壤"真实"的供肥量，将肥料利用率概念引入土壤有效养分上来。假设土壤有效养分也有个"利用率"问题，那么土测值乘以利用率，即可得出土壤真实的供应量。为了避免"土壤有效养分利用率"与"肥料利用率"在概念上的混淆，把土壤有效养分利用率叫作"土壤有效养分校正系数"。一般讲，肥料利用率不会超过100%，而土壤有效养分校正系数由于受浸提状况和根系生长状况的影响，则有可能大于100%。这样，在测土平衡施肥的基础上又发展出了土壤有效养分校正系数法，其施肥量计算公式为：

施用量（千克/公顷）=（目标产量所需养分总量−土测值×2.25×有效养分校正系数）/肥料中养分含量×肥料利用率 (3-10)

上述公式中，除土壤有效养分校正系数外，其余参数上节讨论过，所以下面主要介绍土壤有效养分校正系数的建立。

（二）土壤有效养分校正系数的测定步骤

土壤有效养分校正系数是指作物吸收的养分量占土壤有效养分测定值的比率。因此，建立土壤有效养分校正系数按下列步骤进行。

1. 布置田间试验

为了排除土壤养分的不平衡性，田间试验处理应为四项：即施 PK、NK、NP 和无肥区。作物成熟后单打单收计产，计算出无 N、无 P 和无 K 区的土壤供应的 N、P_2O_5 和 K_2O 量。

2. 土壤有效养分的测定

在设置田间试验的同时，采集无肥区的土壤土样。选择合适浸提剂测定土壤碱解氮、有效磷和有效钾，以 N、P_2O_5 和 K_2O 的毫克/千克表示。

3. 土壤有效养分校正系数的计算

根据土壤有效养分校正系数的概念，其计算公式为：

土壤有效养分校正系数＝（无肥区每公顷农作物吸收的养分量/土壤有效养分测定值×

2. 25%）×100%   (3-11)

依照该计算公式，可以计算出每一块地的土壤有效养分校正系数。

4. 进行回归统计

进行回归统计的目的是为了了解土壤有效养分校正系数大小与土测值之间关系，以土壤有效养分校正系数（y）为纵坐标，土壤有效养分测定值（x）为横坐标，做出散点图。根据散点分布特征进行选模，以配置回归方程式。一般两者之间呈极显著曲线负相关。

5. 编制土壤有效养分校正系数换算表

各地要研究当地的土壤有效养分校正系数，这样计算的施肥量差才比较准确。

养分校正系数、土测值等与磷、钾肥料利用率之间的关系：土测值越大，有效养分校正系数越小，肥料利用率也越低；反之，土测值越小，有效养分校正系数越大，肥料利用率就越高，有效养分校正系数与肥料利用率之间有同步关系。

第二节　营养诊断法

一、营养诊断的依据

营养诊断的主要依据从两方面考虑：一是土壤营养状况；二是植株营养状况。

（一）土壤营养诊断的依据

作物生长发育所必需的营养元素主要来自土壤，产量越高，土壤需提供的养分量就越多。土壤中营养物质的丰缺协调与否直接影响作物的生长发育和产量，关系着施肥的效果，因此成为进行营养诊断、确定是否施肥的重要依据。在制订施肥计划前应首先进行土壤营养诊断，以便根据土壤养分的含量和供应状况确定肥料的种类和适宜的用量。土壤营养诊断主要依据土壤养分的强度因素和数量因素。

1. 养分供应的强度因素

土壤养分供应的强度因素可以简单理解为土壤溶液中养分的浓度（活度）。强度因素是土壤养分有效性大小的一个量度，但它不具有量的意义，它代表作物利用这种养分的难易。由于土壤溶液中养分与和固相处于平衡状态，所以，强度因素也意味着土壤胶体对这种养分吸持的强弱。土壤溶液的养分浓度和组成还受土壤含水量的影响，水分含量高时浓度低些，土壤变干时，浓度增加。因此，土壤溶液养分浓度是以饱和水的条件下为标准的，植物生长的养分最佳浓度是：

氮：由于大多数研究偏重于旱作土壤，所以土壤溶液中氮的浓度主要是指 NO_3^- 中 N 的浓度。对大多数作物，最佳氮素（NO_3^- 中 N）含量大体在 70~210 毫克/千克，NO_3^- 中 N 浓度过高，可能对磷的吸收有一定抑制作用（NO_4^+ 中 N 则有促进作用）。为了避免 NO_3^- 中 N 过高，一些研究者认为，对玉米和小麦，最佳的 NO_3^- 中 N 含量应在 100 毫克/千克左右，在盐土上，土壤溶液中 NO_3^- 中 N 含量也不应高于 100 毫克/千克。

磷：在这方面的研究较多，但是不同作者所得结果有较大差异。研究者认为，土壤溶液中磷（P）的浓度可粗分为以下等级：

磷含量为 13 毫克/千克时可以充分满足作物需要。

磷含量为 0.03 毫克/千克时，大多数作物会感到磷的供应不足。

钾：对大多数作物来说，土壤溶液中钾含量保持在 20 毫克/千克时，即可充分满足作物需要。当然不同作物有很大差异，但当土壤溶液钾含量小于 40 毫克/千克时，大多数作物将感到缺钾。

2. 土壤养分供应的数量因素

土壤养分供应不仅仅决定于土壤溶液的养分浓度（强度因素），而且还决定于固相养分及其在固相、液相间的平衡。这种与液相养分处于平衡状态的养分，可因液相养分被植物吸收或因其他原因减少时，很快进入溶液，这一养分的总量称为土壤养分供应的数量因素，也叫有效养分总含量。不同土壤，尽管它们具有同样的强度因素，如果固相养分的数量因素不同，它们的养分供应能力也是不同的。

（二）植株营养诊断的依据

植株营养诊断主要依据作物的外部形态和植株体内的养分状况及其与作物生长、产量等的关系来判断作物的营养丰缺协调与否，作为确定追肥的依据。由于植株体内的养分状况是所有作用于植物的那些因子的综合反应，这些因子又处在不断的变化之中，而且植株营养状况又是土壤营养状况的具体反映，所以植株营养诊断要比土壤营养诊断复杂得多。

1. 农作物体内养分的分布特性

养分在作物体内的分布随生育时期的变化而变化，呈现明显的规律性。其中，氮在作物体内的分布随不同生育期及碳氮代谢中心的转移而有规律的变化。在营养生长阶段，根系吸收的氮素主要在叶中合成蛋白质、氨基酸、核酸和叶绿素等物质，叶子中的氮素较多；生殖生长阶段，作物的生长中心转移到生殖器官，根系吸收的氮素主要供花、果实和种子的需要，同时老叶中的氮也会向生殖器官转移，使其含氮量降低。

2. 农作物体内养分含量特点

农作物体内养分含量高低决定着植株的生长发育的正常与否。往往植株体内养分浓度的改变先于外部形态的变化，生产上，把植株外部形态尚未表现缺素症状，而植株体内的某种养分浓度少到足以抑制生长并引起减产的阶段，称为作物潜伏缺素期。所以了解不同作物体内合适的养分浓度就显得非常重要。

农作物种类不同、品种不同、器官与部位不同、生育期不同，需要的营养条件如营养元素的种类、数量和比例等也不同，但是，作物在一定生长发育阶段，其体内养分浓度是有一定规律的。

3. 农作物体内养分再利用规律

作物体内养分元素由于其移动性不同，因而再分配和再利用能力有很大的差别。一般按其在韧皮部中移动的难易程度分为三组。氮、磷、钾、镁属于移动性大的；铁、锰、锌、铜属移动性小的；硼和钙属难移动的。移动性越大的元素在作物体内再分配和再利用的能力也就越大，缺素症状往往首先表现在老叶上。例如，氮在整个生育期中约有70%，可以从老叶转移到正在生长的幼嫩器官和储藏器官中被再利用或储藏起来，当外界供氮不足时，作物体内氮的再利用率明显提高。磷和钾在作物体内移动性也很大，很容易从老组织转移到新生组织进行再分配再利用。因此，磷和钾比较集中地分布在代谢旺盛的部位，如幼芽、幼叶和根尖等部位磷和钾含量都较高。而难移动的元素一般在作物体内的再利用能力很小，故幼嫩部位能更好地指示缺素症状。如，作物体内的钙移动能力很小，且主要依靠蒸腾作用通过木质部运输，所以生长初期供应的钙，大部分留在下部老叶中，很少向幼嫩组织移动，供钙不足，新生组织首先受害。

4. 土壤供肥—作物吸肥—农作物生长的关系

农作物在一定生长发育阶段内养分浓度的变化与土壤养分状况、作物的生长和产量等密切相关，并表现出一定的规律性。因此，在进行植株营养诊断，特别是化学分析诊断时，首先必须搞清楚植株体内养分浓度与作物生长量（产量）之间的关系，然后利用这种关系来判断作物养分供应状况。

①植株体内养分浓度与作物产量（或生长量）之间的关系。植株中养分浓度和产量之间有很大的变动范围，在低产条件下，养分浓度的变化幅度较宽，随着产量的提高，各种营养元素的变化幅度较窄，说明只有在一定养分含量水平下，且养分之间比例合适才能获得一定的高产。植株同一养分浓度可以得到不同的产量；相应地，同样的产量可以由不同的植株养分浓度来形成。产量越低，其养分浓度变化的范围越大；产量越高，其养分浓度变化的范围越小。作物高产时，必须使营养元素有一个最适含量，且比例适宜。

②养分供应量与作物体内养分浓度和产量之间的关系。养分供应量与作物体内养分浓度和产量之间存在以下关系：产量随养分供应量成抛物线型关系，但植株体内养分浓度与养分供应之间的关系，与上述曲线不同，其变化程度较小，将植株体内的养分浓度曲线分为三个阶段：第一阶段，随着养分供应量的增加，作物产量上升，但作物体内养分浓度不变，属于养分极缺乏区；第二阶段从植物体内养分变化点到产量最高点随着养分供应量的增加，作物体内养分浓度与作物产量同步增加且产量的增加幅度比植株体内养分浓度增加大，属于养分缺乏调节区；第三阶段，产量最高点以后，随着养分供应量的增加，产量逐渐下降，而植株体内养分浓度却以更快的速度增加，属于养分奢侈吸收区。在一定条件下，植株养分浓度、产量与土壤养分供应量之间存在一定的相关性，但只有在第二阶段（缺乏调节区）三者成比较明显的正相关。所以营养的化学诊断关键要解决的问题之一是确定作物体内养分的临界浓度。

二、营养诊断的方法

（一）土壤营养诊断的方法

土壤营养诊断的方法主要有：

1. 幼苗法（K值法）

利用植株幼苗敏感期或敏感植物来反映土壤的营养状况。

2. 田间肥效试验法

在田间划成面积相同的不同小区采取不同的施肥处理，即不施肥与施一定量的肥料，观察长势长相，最后收获产量，从而比较土壤供养分量。还可以利用土壤养分系数，计算出土壤供氮、磷、钾等的养分量等。

3. 微生物法

利用某种真菌、细菌对某种元素的敏感性来预知某一种元素的丰缺情况。例如，固氮菌与土壤放在一起，温度在 30℃ 培养 24 小时，当磷丰富时有菌落，菌落的多少反映磷的多寡。

4. 化学分析法

这种方法是应用最为广泛的方法，它分常规分析法和速测法两种，这里仅介绍前者。

在一定条件下，作物产量随土壤养分数量因素的增加而提高，呈明显的正相关关系，测定数量因素对判断土壤养分供应状况非常重要，而且研究资料最多，至目前国际上对测磷和钾的方法认识比较一致，而对氮的测定方法看法不一。

①有效磷的测定方法与指标。测定土壤有效磷一般采用 Olsen 法，肥力指标是：土壤有效磷（P）含量（毫克/千克），小于 5 为低；5~10 为中；大于 10 为高。当然不同产量水平、不同土壤类型，高、中、低指标有所不同。

②有效钾的测定方法与指标。测定有效钾一般采用摩尔/升 NH_4OAc 浸提法。

③有效氮的测定方法与指标。与有效磷、有效钾相比，测定土壤有效氮含量存在一定的难度，主要表现在：土壤有效氮含量取决于土壤有机质的矿化速率，而有机质的矿化是一个生物过程，与温度、湿度、pH 值等环境因素有关；土壤中有效氮的主要形态之一是 NO_3^- 中的 N，其易发生淋失、反硝化及生物固定作用。因此，测定土壤有效氮的方法没有其他养分的测定方法成熟。大多数科学工作者把碱解氮作为土壤供氮量的指标，一般采用扩散或蒸馏法，有人也提倡利用土壤氮"矿化位势"的概念来估计土壤矿化时所提供的有效氮素。矿化位势是指于无限的时间内因矿化过程所能得到的矿质氮量，氮矿化位势不等于土壤全氮量，一般占全氮量的 5%~40%，代表土壤氮矿化率的容量。得到这一数据可以利用"好气培养"，可以利用"嫌气培养"。

（二）植株营养诊断的方法

植株营养诊断的方法主要包括形态诊断、化学诊断、施肥诊断、酶学诊断及物理诊断等，现分述如下：

1. 形态诊断

形态诊断是指通过外形观察或生物测定了解某种养分丰缺与否的一种手段。因为植物在生长发育过程中的外部形态都是其内在代谢过程和外界环境条件综合作用的反映。当植物吸收的某种元素处于正常、不足或过多时，都会在作物的外部形态如茎的生长速度、叶片形状和大小、植株和叶片颜色以及成熟期的早晚等方面表现出来。该方法简单易行，至今仍不失为一种重要的诊断方法，它主要包括症状诊断和长势、长相诊断。

（1）症状诊断

它是根据农作物体内不同营养元素其生理功能和移动性各异，缺乏或过剩时会表现出各种特有的症状，只要用肉眼观察这些特殊症状就可判断作物某种营养元素失调的一种方法。营养失调影响植物正常代谢进程，由于不同元素的生理功能各异，其影响的程度也不相同。在轻度失调的情况下，不一定在植物形态上表现出来，但在较严重的情况下会表现形态失常。缺乏不同元素时表现出不同的症状，其症状及出现部位的先后等都有一定的规律。如氮不足时，易使禾谷类作物株小，叶片均匀变黄，分蘖少产量低；而氮过多时，又会引起贪青徒长、倒伏晚熟等。据此，人们已将各种营养元素在不同作物上的失调症状以彩图的形式编辑成农作物营养诊断图谱（我国已有缺素症的图谱出版可供参考），用来作为症状诊断的参照（图谱法），并将其营养元素产生的缺素症状制成分析判断某种元素失调症状的检索表（检索法）。但是，这种诊断法通常只在植株仅缺乏一种营养元素时有效，当作物缺乏某种元素而不表现该元素缺乏的典型症状，或同时缺乏两种及两种以上营养元素，或出现非营养因素（如病虫害或药害或障碍因素）引起的症状时，则易于混淆，造成误诊。另外，当植株出现某些营养失调症状时，表明其营养失调已相当严重，此时采取措施已经为时过晚。因此，症状诊断在实际应用上存在明显的局限性，往往还需要配合其他的检验方法。尽管如此，这一方法在实践中仍有其重要意义，尤其是对某些具有特异性症状的缺乏症，如油菜缺硼时"花而不实"、玉米缺锌时的"白苗症"、果树缺铁时的"黄叶病"等，一般可以一望便知，为确定该土壤缺什么提供了方便。

（2）长势、长相诊断

它是利用生物测定或观察植株形态的方法，这种诊断方法作为农民经验的总结已有悠久的历史。需要强调的是，虽然通过对植株的群体或个体长势、长相以及叶色的诊断，在一定程度上可以有限地判断作物的营养状况以达到指导施肥的目的。但是，近年来由于作物品种更新换代特别频繁，其外观的长势、长相和叶色变化很大，因此使用时应慎重。

2. 化学诊断

化学诊断是指通过化学分析测定植株体内营养元素的含量，与正常植株体内养分含量标准直接比较而做出丰缺判断的一种营养诊断方法。

植株分析结果最能直接反映作物的营养状况，是判断营养丰缺与否最可靠的依据。

（1）叶分析法

叶分析法就是以叶片为样本分析各种养分的含量，通过与参比标准比较判断作物养分丰缺的方法。它是植株化学诊断最主要的一种方法。在进行植株化学诊断时，取样是至关重要的环节，特别是取样部位的选择，一定要选择指示器官，而所谓指示器官是某个最能反映养分的丰缺程度的组织或器官，该器官对某种元素的含量变异最大，而且变异与产量的大小相关性最大。

（2）叶片营养诊断标准

叶片分析常用的诊断标准主要有以下几种：

①临界值法：所谓植株养分的临界浓度是指当植株体内养分低于某浓度，作物的产量（或生长量）显著下降或出现缺乏症状时的浓度，有人也称这一浓度叫临界值（水平）等。

临界浓度的确定一般要进行田间试验和植株分析，并将两者的关系有机地结合在一起，把最高产量减少5%～10%时的养分含量作为临界浓度，把在最高产量的养分含量作为最适浓度，因此，最适浓度以后的养分含量的提高就是奢侈吸收。在临界浓度以前则为缺乏区，这一区范围比较大，又可以分为缺乏区和低区，缺乏区是指产量占最高产量的70%～80%的养分含量区域。低区是指产量占最高产量的80%～90%的区域。

由于作物生长所引起的稀释效应，往往使植株体内养分含量减少而生长量都增加或生长量增加而植株体内养分含量却变化不大，甚至在严重缺乏的情况下，养分浓度也不下降。在这种情况下，植株养分浓度都不能正确反映作物生长状况。但在奢侈吸收区作物对养分的吸收在体内积累，却生长量下降，若再进一步积累某种养分，就会导致营养失调以致产生毒害而使生长受抑制。因此，植株体内养分最好控制在最适浓度，但是由于影响养分浓度的因素很多，多数情况下，不易做到。所以应经常使养分浓度保持在充足范围内，使养分含量稍高于最适浓度，以保证有一个充足的养分供应不至于减产。

②标准值法：在用临界值法进行叶分析诊断时，常发现在"不足""正常"和"过量"各个等级的测试值之间总有互相重叠交叉的现象，在判断时会引起混淆。标准值是指生长良好，不出现任何症状时植株特定部位的养分测试值的平均值，标准值加上平均变异系数，即为诊断标准，以此为标准与其他植株测试值相比较，低于标准值的就采取措施施肥。这时衡量营养水平的尺度摆在健康植株内元素的含量水平上，以更主动、更有效地预防营养失调。这种方法在果树上应用得到了很好证明，一种果树在不同的生长地域或不同的环境条件下，其养分元素的标准值表现出非常的一致性。

③平衡指数法：主要用于果树叶片营养诊断。

其基本思路是通过对诊断植物养分的测定值与标准值之间的比较，对其供应状况做出定量评价。比较时考虑了不同养分在植物体内的变异情况。由于平衡指数法简便易行，为不少研究者所采用。这种方法仅指明了植株体内养分缺乏的程度，并不能估算出施肥量。

④养分比值法：由于营养元素之间的相互影响，往往一种元素浓度的变化常引起其他元素的改变，为此用元素比值要比用一种元素的临界浓度更能全面地反映作物的需肥程度。

3. DRIS 法

DRIS 法也叫营养诊断施肥综合法（diagnosis and recommendation integrated system，简称 DRIS 法），它是用叶片养分诊断技术，综合考虑营养元素之间的平衡状况和影响植株生长的因素，从而确定施肥次序的一种诊断方法。该法与临界浓度法比较，受作物品种、生育期、采样部位等因子的影响较小，所以有更高的精确性。目前，该法已成功地应用在作物、林木等植物的营养诊断上，获得了满意的结果。

（1）DRIS 法理论依据

大量的植物营养研究证明，植物的生长量是叶片中各种营养元素的浓度和它们之间的平衡两个变量的函数，在不同的养分浓度下，各元素间将有复杂的比例，但是只有在最适浓度和最好平衡条件下，才能获得最高的生长量或产量。当一种元素实测比值距最适比值越接近，说明养分越平衡，作物才能获得高产；反之，就越不平衡很难获得高产。一种元素的平衡状况是以该元素与其他元素实测比值偏离最适比值程度来反映。其最适比值则来自当地高产群体叶分析元素比值的平均值。当以作物群体作为诊断对象时，只有高产群体的平均最适比值的变异程度（以标准差表示）小于低产群体，才能作为诊断标准。

（2）DRIS 法的诊断步骤

①确定诊断标准；

②确定施肥次序。

（三）其他诊断方法

1. 酶学诊断

酶学诊断是利用作物体内酶活性或数量变化来判断作物营养丰缺的方法，酶学诊断具有以下优点：

①灵敏度高，有些元素在植株体内含量极微（如 Mo），常规测定比较困难，而酶测法则能解决这一问题。

②酶促反应与元素含量相关性好，如碳酸酐酶，它的活性与含锌量曲线几乎是一致的。

③酶促反应的变化远远早于形态的变异，这一点尤其有利于早期诊断或潜在性缺乏的诊断。如水稻缺锌时，播后 15 天，不同处理叶片含锌量无显著差异，而核糖核酸酶活性已达极显著差异。

④酶测法还可应用于元素过量中毒的诊断，且表现出同样的特点。但酶测法也有一定缺点：一是测定值不稳定；二是不少酶的测定方法较繁；三是有关测试技术还不十分完善。所以该法还没有被广泛应用，目前还处在研究阶段。

2. 施肥诊断

施肥诊断是以施肥方式给予某种或几种元素以探知作物缺乏某种元素的诊断方法。它可直接观察作物对被怀疑元素的反应，结果最为可靠，也用于诊断结果的检验，主要包括根外施肥法和抽减试验法等。

（1）根外施肥诊断

采用叶面喷、涂、切口浸渍、枝干注射等方法，提供某种被怀疑缺乏的元素让植物吸收，观察其反应，根据症状是否得到改善等做出判断。这类方法主要用于微量元素缺乏症的应急诊断。

（2）土壤施肥诊断

根据对作物形态症状的初步判断，设置被怀疑的一种或几种主要导致症状形成的元素肥料做处理，把肥料施于作物根际土壤，以不施为对照，观察作物反应做出判断。除易被土壤固定而不易见效的元素如铁之外，大部分元素都适用，注意所用肥料必须是水溶速效的，并兑水近根浇施，以促其尽快吸收。

3. 物理化学诊断

（1）离子选择性电极诊断

这种方法所采用的仪器是以电势法测量溶液中某一特定离子活度的指示电极。它同 pH 玻璃电极一样，是一种直接测量分析组分的新工具。我国目前使用的有钠、钾、铵、钙、硝酸根、氯等离子选择性电极。它的优点是简便快速、不受有色溶液的干扰、测定范围大、精度高、被测离子和干扰离子一般不需要分离。但由于部分离子的测定方法还不够成熟，有的电极易损坏或价格过高等原因，目前尚未得到广泛应用。

（2）电子探针诊断

电子探针是一种新型电子扫描显微装置，具有面扫描、线扫描或点分析的功能。用于元素微区分析如确定元素种类、含量、分布，能取得分析样本的组织结构与元素间的原位关系，可用以判断农作物营养状况。电子探针诊断分析灵敏度极高，检出限量为 10—18 ~ 10—15 克，在农作物营养诊断中用来解决一般化学分析无法解决的问题，如元素的定位问题，研究元素缺乏或过剩以及病理病引起的病斑组织的元素分布特征，可为区分生理病、病理病以及元素的缺乏或过剩提供依据。

（3）显微结构诊断

借助显微技术观察作物解剖结构的变化，用以判断农作物营养状况的方法。营养元素失调所引起的形态症状，必然与其内部细胞的显微解剖结构紧密联系，如农作物缺钾，在茎秆节间横切面可见形成层减少，木质部厚壁细胞明显变薄，导致机械强度差，是缺钾容易倒伏的内在原因。缺钾植物叶片表皮角质层发育不良，电镜显示纹理不清，是缺钾植株某些抗逆性（如抗病虫害性差，易失水等）差的形态学原因。农作物缺铜的典型显微结构变化为细胞壁的木质化程度削弱，细胞壁变薄而非木质化，从而使幼叶畸形、嫩茎及嫩枝扭曲，故木质化程度可作为缺铜的指标。作物缺硼，分生组织退化，形成层和薄壁细胞分裂不正常，木质部和韧皮部的形成过程受阻，输导组织坏死，维管束不发达，薄壁细胞异常增殖、破裂、排列混乱；叶绿体和线粒体形成数量减少，内部结构改变；花丝细胞伸长、排列不齐，细胞间隙加大，花药内圈气孔少，花粉壁不易消失，特别是绒毡层延迟消失而膨大，花粉粒不充实，或者下陷、空瘪等。这些与缺硼植株的生长点死亡，叶片退色、变厚，枝条、叶柄变粗，环带突起以及繁殖器官受损等外部症状一致。由于显微结构诊断所采用的光镜观察技术，步骤烦琐，耗时太多，电镜观察要求设备昂贵，应用不多，一般只作为诊断的一种辅助方法。

除以上诊断方法外，还有其他一些方法，如生物培养诊断、示踪法和遥感技术等都可作为营养诊断的手段。

第三节　作物常规施肥技术

一、施肥量

施肥量是构成施肥技术的核心要素，确定经济合理施肥量是合理施肥的中心问题。施肥量不仅受土壤、作物、气候、栽培条件等多种肥效影响因素的制约，也受到肥料价格、产品价格、产量目标等经济因素及施肥方式等技术因素的影响。

估算施肥量的方法很多，诸如养分平衡法、肥料效应函数法、土壤养分校正系数法、土壤肥力指标法、营养诊断法等。

二、施肥时期

在制订施肥计划时，当一种作物的施肥量已经确定下来，下一个需要考虑的是肥料应该在什么时期施用和各时期应该分配多少肥料的问题。对于大多数一年生或多年生作物来说，施肥时期一般分基肥、种肥、追肥三种。各时期所施用的肥料有其单独的作用，但又不是孤立地起作用，而是相互影响的。对同一作物，通过不同时期施用的肥料间互相影响与配合，促进肥效的充分发挥。

（一）基肥

基肥，习惯上又称为底肥，它是指在播种（或定植）前结合土壤耕作施入的肥料。而对多年生作物，一般把秋冬季施入的肥料称为基肥。施用基肥的目的是培肥和改良土壤。同时为作物生长创造良好的土壤养分条件，通过源源不断供给养分来满足植物营养连续性的需求，为发挥作物的增产潜力提供条件。因此，基肥的作用是双重的。

基肥的施用要遵循数量要大，防止损失；肥效持久；肥土、肥苗、土肥相融；要有一定深度，养分要完全，有机无机相结合的原则。

基肥从选用的肥料种类来看，习惯上将有机肥做基肥施用。现代施肥技术中，化肥用作基肥日益普遍。化肥中磷肥和大部分钾肥主要做基肥施用，对旱作地区和生长期短的作物，也可把较多氮肥用作基肥。目前，一般把有机肥和氮、磷、钾化肥同时施入，甚至包括必要的中量元素和微量元素肥料配合施入。

基肥的施用量一般是某种作物全生长期施肥量的大部分。但它的用量和分配比例还应考虑其他条件，如为了达到培肥和改良土壤，基肥（有机肥为主）用量可大一些。作物生长期短而生长前期气温低且要求早发的作物及总施肥量大时，基肥（化肥为主）的比例应大一些，在灌溉区基肥的用量一般可较非灌溉区少一些，以充分发挥追肥的肥效（特别是氮肥）。当然，随着控释肥的发展，为了节省劳力和费用，可以把肥料重点放在基肥上，生育期越长，密度越大，基肥（有机与无机结合）的比例则越大。

（二）种肥

种肥是播种（或定植）时施于种子或幼株附近，或与种子混播，或与幼株混施的肥料。其目的是为种子萌发和幼苗生长创造良好的营养条件和环境条件。因此，种肥的作用一方面表现在供给幼苗养分特别是满足植株营养临界期时养分的需要；另一方面腐熟的有机肥料做种肥还有改善种子床和苗床物理性状的作用，有利于种子发芽、出苗和幼苗生长。总之，种肥能够使农作物幼苗期健壮生长，为后期的良好生长发育奠定基础。种肥的肥效发挥是有条件的。一般在施肥水平较低、基肥不足而且有机肥料腐熟程度较差的情况下，施用种肥的效果较好。土壤贫瘠和作物苗期因低温、潮湿、养分转化慢，幼根吸收力弱，不能满足农作物对养分需要时，施用种肥一般也有较显著的增产效果。一些作物（如油菜、烟草等）种子体积小，储存养分少，种子出苗后很快由种子营养转为土壤营养，施用种肥效果也较好。在盐碱地上，施用腐熟有机肥料做种肥还可起到防盐、保苗的作用。

施用种肥时按照速效为主，数量和品种要按着严格的原则进行。因此，用作种肥的肥料以腐熟的有机肥或速效性化肥为宜。选用化肥要注意肥料酸碱度要适宜，应对种子发芽无毒害作用。常用肥料中碳酸氢铵、硝酸铵、氯化铵、尿素、含游离酸较高的过磷酸钙、氯化钾等不宜做种肥。倘若做种肥时，要做到肥种不接触。对于微量元素肥料一般都可以用作种肥，但硼肥与种子直接接触，对种子萌发和幼苗生长有抑制作用，应引起注意。

种肥用量不宜过大，而且要注意施用方法，否则会影响种子发芽和出苗。具体用量根据作物、土壤、气候、肥料种类等差异而不同。一般尿素以 35~70 千克/公顷、过磷酸钙100~150 千克/公顷、磷酸二铵 150~255 千克/公顷为好。

（二）追肥

在农作物生长发育期间施用肥料称为追肥，以满足作物在生长发育过程中对养分的需求。通过追肥，保证了农作物生长发育过程中对养分的阶段性特殊需求，对产量和品质的形成是有利的。不同的农作物追肥的时间是不同的，它要受土壤供肥情况、农作物需肥特性和气候条件等影响。农作物不同生育时期生长发育的重心是不同的，因此表现出营养的阶段性。在不同营养阶段追施的肥料其作用不同，如冬小麦有分蘖肥、拔节肥、穗肥等，分别起到促进分蘖、成穗和增加粒重的作用。

进行农作物追肥应掌握肥效，要迅速，水肥要结合，根部施与叶面施相结合和需肥最关键时期施的原则。追肥应选用速效化肥和腐熟的有机肥料，对氮肥来说，应尽量将化学性质稳定的硫酸铵、硝酸铵、尿素等用作追肥。磷肥和钾肥原则上通过基肥和种肥的办法去补充，在一些高产田也可以拿一部分在农作物生长的关键期追施。对微肥来说，根据不同地区和不同作物在各营养阶段的丰缺来确定追肥与否。

追肥在总施肥量中所占的比例受许多条件影响。生育期长的作物追肥比例要大一些；反之则小一些。有灌溉条件和降雨量充足的地区追肥比例要大一些，降雨量少的旱作区可不用追肥。豆科农作物一次土壤大量施用氮肥会抑制根瘤菌的固氮作用，分次施用特别是生育期地上部分喷施是非常有效的。现代施肥技术中有一个重要趋势，即增加基肥所施肥料的比例，减少追肥次数而只用于关键时期，以减少施肥用工，提高肥效。

基肥、种肥和追肥是施肥的三个重要环节，在生产实践中要灵活运用，切不可千篇一律。确定施肥时期的最基本依据是农作物不同生长发育时期对养分的需求和土壤的供肥特性。农作物的营养临界期和最大效益期是作物需肥的关键时期，但不同农作物及不同的养分这些时期是不同的，只有分别对待，才能充分发挥追肥的效果。当土壤养分释放快，供肥充足时，应当推迟施肥期；反之，当土壤养分释放慢，供肥不足时应及时追肥。在肥料不充足时，一般应当将肥料集中施在农作物营养最大的效益期。在土壤瘠薄、基肥不足和作物生长瘦弱时，施肥期应适当提前。在土壤供肥良好、幼苗生长正常和肥料充足时，则应分期施肥，侧重施于最大效益期。在确定施肥时期时，不仅要注意农作物营养阶段性，也要注意农作物营养连续性。基肥、种肥和追肥相结合，有机肥和化肥相结合既可满足作物营养的连续性，又可满足农作物营养的阶段性。但是随着技术的进步，传统施肥方式也可能发生彻底的革命。如控释肥料的发展可使养分释放速度和农作物对养分的需求相吻合，因此生产中只需一次施肥就可满足农作物整个营养期对养分的需要。

三、施肥方式

施肥方式就是将肥料施于土壤和植株的途径与方法。前者称为土壤施肥，后者称为植株施肥。

（一）土壤施肥

最常用的土壤施肥方式有撒施、条施、穴施、环施和放射状施等。

1. 撒施

将肥料均匀撒于地表的施肥方式称撒施，是基肥的一种普遍方式，肥料撒于田面上后，结合耕耙作业使其进入土壤当中，实现土肥相融。耕翻要有一定深度，浅施时肥料不能充分接触根系，不利于肥效的发挥。对大田密植农作物生育期追施氮肥时也常采用撒施方式，像小麦、水稻和蔬菜等封垄后，追肥常采用随撒施随灌水的方法。

撒施具有省工简便的特点，但对于挥发性氮肥来说，撒施易于引起氮的挥发损失，不宜提倡。在土壤水分不足，地面干燥，或作物种植密度稀，又无其他措施使肥料与土壤充分混合时，不能用撒施方式，否则会增加肥料的损失，降低肥效。

2. 条施

条施是开沟将肥料成条地施用于农作物行间或行内土壤的方式。条施既可以作为基肥施用方式，也可以作为种肥或追肥的施用方式，通常适用于条播作物。条施和撒施相比，肥料集中，更易达到深施的目的，有利于将肥料施到作物根系层，提高肥效，即所谓"施肥一大片，不如一条线"。在肥料用量较少和对宜挥发性肥料，这种施肥方式是一种好方法。

有机肥和化肥都可采用条施。在多数条件下，条施肥料都须开沟后施入沟中并覆土，有利于提高肥效。条施若只对农作物种植行实行单面侧施，有可能使农作物根系及地上部分在短期内出现向施肥一侧偏长的现象，所以应注意农作物两侧开沟要对称。

3. 穴施

在农作物预定种植的位置或种植穴内，或在农作物生长期内按株或在两株间开穴施肥的方式称穴施。穴施法常适用于穴播或稀植作物，是一种比条施更能使肥料集中施用的方法。穴施是一些直播作物将肥料与种子一起施入播种穴（种肥）的好方法，生育期单株打孔做追肥也是非常有效的，也可以作为基肥的施用方法，施肥后要覆土。

有机肥和化肥都可采用穴施。为了避免穴内浓度较高的肥料伤害作物根系，采用穴施的有机肥须预先充分腐熟，化肥须适量，施用的位置和深度均应注意与作物根系（或种子）保持适当距离。

4. 环施和放射状施

以农作物主茎为中心，将肥料做环状或放射状施用的方式称环施或放射状施，一般用于多年生木本作物，尤其是果树。

环施的基本方法是以树干为圆心，在地上部分的田面开挖环状施肥沟，沟一般挖在树冠垂直边线与圆心的中间或靠近边线的部位，一般围绕靠近边线挖成深、宽各30~60厘米连续的圆形沟，也可靠近边线挖成对称的2~4条一定长度的月牙形沟，施肥后覆土踩实。来年再施肥时可在第一年施肥沟的外侧再挖沟施肥，以后逐年扩大施肥范围。放射状施肥是在距树干一定距离处，以树干为中心，向树冠外挖4~8条放射状沟，沟长与树冠相齐，来年再交错位置挖沟施肥。施肥沟的深度随树龄和根系分布深度而异，一般以利于根系吸收养分又能减少根的伤害为宜。

（二）植株施肥

植株施肥包括叶面施用、注射施用、打洞填埋、涂抹施肥和种子施肥等方式。

1. 叶面施肥

把肥料配成一定浓度的溶液喷洒在作物体上的施肥方式称叶面施肥。它是用肥少、收效快的一种追肥方式，又称为根外追肥。

叶面施肥是土壤施肥的有效辅助手段，甚至是必要的施肥措施，在作物的快速生长期，根系吸收的养分难以满足作物生长发育的需求，叶面施肥是有效的；在作物生长后期，根系吸收能力减弱，叶面施肥可补充根系吸收养分的不足；豆科作物叶面施氮不会对根瘤固氮产生抑制作用，是有效的施肥手段；对微量元素来说，叶面施肥是常用而有效的方法；叶面施肥也是有效的救灾措施，当作物缺乏某种元素，遭受气象灾害（冷冻霜害、冰雹等）时，叶面施肥可迅速矫正症状，促进受害植株恢复生长。

2. 注射施肥

注射施肥是在树体、根、茎部打孔，在一定的压力下，把营养液通过树体的导管，输送到植株的各个部位，使树体在短时间内积聚和储藏足量的养分，从而改善和提高植株的营养结构水平和生理调节机能，同时也会使根系活性增强，扩大吸收面，有利于对土壤中矿质营养的吸收利用。

注射施肥又可分为滴注和强力注射。滴注是将装有营养液的滴注袋垂直悬挂于距地面1.5米左右高的枝杈上，排出管道中气体，将滴注针头插入预先打好的钻孔中（钻孔深度一般为主干直径 2/3），利用虹吸原理，将溶液注入树体中。强力注射是利用踏板喷雾器等装置加压注射，压强一般为（$98.1 \sim 147.1$）$\times 10^4$ 牛/平方米）。注射结束后，注孔用干树枝塞紧，与树皮剪平，并堆土保护注孔。

3. 打洞填埋法

打洞填埋法适合于果树等木本作物施用微量元素肥料。在果树主干上打洞，将固体肥料填埋于洞中，然后封闭洞口。

4. 蘸秧根

将肥料配成一定浓度的溶液，浸蘸秧根，然后定植的施肥方法称蘸秧根。这种方法适用于水稻、甘薯等移栽作物。

5. 种子施肥

种子施肥是指肥料与种子混合的一种施肥方式，包括拌种法、浸种法和盖种肥法。

（1）拌种法

将肥料与种子均匀拌和或把肥料配成一定浓度的溶液，与种子均匀拌和后一起播入土壤的一种施肥方式。拌种要注意浓度和拌种后立即播种两个关键技术。

（2）浸种法

用一定浓度的肥料溶液浸泡种子，待一定时间后，取出稍晾干后播种，浸种法和拌种一样要严格掌握浓度。

（3）盖种肥

对于一些开沟播种的作物，用充分腐熟的有机肥料或草木灰盖在种子上面，叫作盖种肥，有保墒、供给养分和保温作用。

四、其他施肥方式

（一）灌溉施肥

肥料随灌溉水施入田间的过程叫灌溉施肥，包括滴灌、渠灌和喷灌等，在灌水的同时按照作物生长发育各个阶段对养分的需要和气候条件等准确地将肥料补加和均匀施在根系附近及叶面上被作物吸收利用。灌溉施肥是定量供给作物水分、养分以维持土壤适宜水分和养分浓度的有效方法。这种方法不仅用于田间施肥，而且用于温室栽培作物施肥。目前，在果树和蔬菜上应用广泛，都表现出了增产作用。滴灌施肥由于肥料准确和均匀施在根系周围并按作物需肥特点供应，肥效快、肥料利用率高，又可节省肥料用量和控制肥料的入渗深度，减轻施肥对土壤结构的破坏和环境污染。但灌溉施肥投资较高，需要肥料注入器、肥料罐以及防止灌溉水回流到清洁水的装置等设备，而且要用防锈材料保护设备的易腐蚀部分，在温润土壤边缘有盐分积聚和根系数量与体积减少现象。

灌溉施肥所用的肥料应是水溶性化合物，主要是氮肥，少数磷肥、钾肥以及复合肥也可灌溉施用，微量元素肥料应是水溶性或螯合态的化合物。

灌溉水养分浓度及土壤 pH 值是影响灌溉施肥质量的两大因素。灌溉水 pH 值不能高于 7.5，pH 值高时会在管道中及滴头上形成钙、镁的碳酸盐和磷酸盐沉淀，且高 pH 值会降低锌、铁、磷等对作物的有效性。pH 值过低会伤害根系和导致土壤溶液中的铝、锰的浓度增加，对作物产生毒害。

灌溉施肥中氮浓度要控制，大多数作物适宜的氮肥浓度为 0.3% 左右，最高不宜超过 0.6%。

（二）免耕施肥

免耕技术是相对传统耕作而言，是一种保护性耕作措施，主要在半干旱地区的沙田上实行免耕，免耕施肥是由免耕技术而产生的，即在免耕条件下进行的施肥。

在免耕条件下，施肥深度变浅，不论有机肥还是化肥，都只能施在表面，覆盖在种植行上或施于种植行几厘米深的土层内，因此有效态磷、钾养分主要富集在耕层，速效态氮主要积累在底层。在免耕条件下施肥，有机肥要充分腐熟，氮肥一次施用量不可过多，尤其要注意在作物生长中、晚期追肥和在表土湿润条件下施肥，做到肥水相融，以利于养分向周围土壤移动扩散。

免耕施肥的基本方法是做种肥，通常氮肥和磷肥随种子一起施入（分层或侧施），钾肥则可撒施于土表或施于覆盖种子的松土表面。在氮肥用量大、降雨量多或有灌溉条件的地区，氮肥可有一部分在植物生育期地表追施。

与常规耕作施肥相比较，氮肥由于施用较浅，损失较多，总施肥量应适当增加，钾肥因无挥发损失问题，也更易被土壤吸收而肥效与常规耕作施肥相当。但磷肥效果与土壤全层施相比效果往往较好，这与磷肥移动差，易集中在表层施肥位置，以及免耕条件下作物根系分布较浅，吸收量有所增加有关，而且可以减少磷肥与土壤的混合由此而减少了土壤对磷的固定作用。另外，地表植株残体多，腐熟后产生有机酸利于磷的有效化。

（三）机械化施肥与自动化施肥

通过机械完成施肥的全过程或部分过程都可称作机械化施肥。机械化施肥具有施肥效率高、用量易于调控、用量准确、容易实现深施等优点。

撒施肥料可利用肥料抛撒机将肥料均匀施入田面而后耕翻，也可将肥料用排肥器排入犁沟当中。种肥通常利用施肥播种机一次完成播种和施肥作业，实现肥、种分层或侧深施。植物生育期追肥可利用追肥机，追肥机一般一次完成开沟、排肥、覆土和镇压四道工序。

自动化施肥是在精准农业中的定位定量施肥。另外，在现代设施农业中通过计算机手段调控营养，实现自动施肥。在溶液栽培、工厂化生产技术中，施肥多采用自动控制。

我国机械化施肥还不发达，在种肥施用方面一些作物上应用较普遍，而追肥机械化除一些大型的国有农场应用较多外，广大的农村应用还很少。要想实现化肥深施，提高肥效，必须发展机械化施肥，进一步发展自动化施肥。

（四）飞机施肥

飞机施肥适用于一些耕地面积大、农业人口少的国家和农业区。飞机施肥大都用于不宜进行地面施肥作业的地区和作物上，如大片的稻田、山区牧场。

利用飞机可以施基肥，也可施追肥。可施分散性好的固体肥料，如粒状尿素，也可施用液体肥料，如尿素或磷酸二氢钾溶液。液体肥料施用时，浓度可适当提高。利用飞机施肥的肥料品种，以易溶性氮肥为主，也可施用易溶性的磷、钾肥和微肥。

施肥飞机均为带螺旋桨的轻型飞机或直升机，带有专门设计的肥料撒播系统，如从专用导管引入空气流做撒播动力的文丘里系统；采用鼓风机鼓风以增加肥料喷出速度的撒播系统；肥料借助自身重量经漏斗落在高速转动的转盘上向外撒播的重力撒播系统，以及由螺旋送肥装置将肥料送到转盘上向外撒播的系统等。飞机施肥要求地面风速小于 6 米/秒。通过地面的密切配合和明显标志，在低空飞行条件下，大面积施肥的准确性很高，肥料落地均匀，肥料的实际降落线与预定施肥边界的误差在 1~2 米。

（五）精准施肥

精准施肥是精准农业的重要内容。精准农业是在定位采集地块信息的基础上，根据地块土壤、水肥、作物病虫、杂草、产量等的时间与空间上的差异，根据农艺的要求进行精确定位定量耕种、施肥、灌水、用药的农业技术。精准农业技术是信息技术（地理信息系统 GIS、全球定位系统 GPS、遥感 RS 与模块、决策支持系统）、农艺与以农业机械为主的工程技术的综合。

精准农业的实施要有以下几个流程：

①信息采集。遥感技术与其他传感器技术用于信息采集，如土壤资料、水分、养分、病虫害、产量等。GPS 用于信息采集的定位。GIS 用于管理地块资料，分析地块变异性，如土壤水、肥、产量的差异等。

②决策支持系统。根据农艺要求基于 GIS 开发农业生产的模型或决策支持系统。决策支持系统根据农艺要求，分析以上资料形成决策方案，并为农业机械提出操作数据指令。

③执行。通过空间信息技术支持下的现代化农业机械完成。农业机械要根据地块的差异准确定位定量耕作、播种、灌水，施肥、防病虫害、除草、收获。由于机械要根据地块的差异进行定位变化操作，因此叫作变量机械。

由上可知，精准施肥就是通过 RS 或其他技术手段获取土壤信息，借助 GIS 支持的决策系统，采用装备有 GPS 的变量施肥机进行定位定量施肥。这种施肥方法消除了传统上在同一块地里平均施肥的做法，有利于节省资源、保护环境状况，取得最好的效益。

第四章　农作物生产基础

第一节　农作物与农作物生产

一、农作物的概念

农作物是人类改造自然过程中的产物。现在种植的农作物都起源于自然界，是经过人类长期选择和栽培的植物。没有经人类选育及栽培的、自生自灭的植物为野生植物。两者的主要区别在于是否经过人类选择和栽培。

农作物，广义上是指凡对人类具有经济价值的，为人类所培育和栽培的各种植物。狭义上是指对人类具有经济价值，被人类种植在大田中的植物，即农田作物，也称大田农作物，俗称庄稼，包括粮、棉、油、麻、糖、烟等。随着种植业结构的调整，种植业内涵得到丰富，果、菜、花、饲料、药用作物等也进入了农作物种植的范畴。农作物的种类也是随着人类历史的进展、农业生产的发展而不断扩展的。

二、农作物生产

（一）农作物生产的概念

农作物生产是指选择优良作物品种，采用科学管理技术协调光、温、水、肥等自然环境，促进植物生长发育。农作物生产要根据农作物生长发育规律及农产品食用安全规范，采取各种人为措施，如土壤耕作、合理密植、施肥、灌排水、防治病虫害等田间管理技术，以及科学的收获形式、贮藏方式，以获得高产、优质的农产品，满足人类的需要。

（二）农作物的生产特点

由于农作物生产受到自然环境与科学技术及社会经济发展水平的制约，因此农作物生产具有以下几方面的特点：

1. 生物性

农作物生产的载体是有生命的生物体，所以，各项生产技术要适应生命的发展规律。

2. 地域性

不同的纬度、地形、地貌、气候、土壤、水利等自然条件，构成了作物生产的地域性。如南北温差、干旱潮湿、平原丘陵等。

3. 季节性

由于农作物的生长周期较长，不同农作物需要的光、热条件不同，要合理掌握农时季节，使农作物生长期与环境最佳期同步。

4. 连续性

农作物生产是连续的过程，一茬接一茬，相互紧密相连，互相制约。

5. 复杂性

农作物生产不仅受自然环境、管理水平的影响，还受科技水平的影响，只有协调好各种因素之间的相互关系，才能达到高产、稳产、优质、高效的目的，发挥农作物的生产效益。

三、农作物的种植制度

农作物的种植制度是指一个地区或生产单位的农作物组成、配置、熟制与种植方式的总称。主要包括以下几方面的内容：农作物组成及配置，是指种植什么农作物及品种、种植面积、种植区域等，即农作物的生产布局；种植方式，耕地种植与否，在耕地上一年或种植一茬、多茬或休闲等，即复种与休闲的问题；种植农作物时选择单作、间作、混作、套作、移栽的方式；轮作与连作，不同的生长季节或不同的年份，即农作物的种植布局如何安排。

（一）农作物的生产布局

1. 农作物生产布局的定义

农作物的生产布局是指在某一区域内，对计划种植的农作物的种类、品种、种植面积及田间配置进行的安排和规划。农作物生产布局的范围、时间、规模没有严格的限定。范围可以是一家一户，也可以是一个农场、一个合作社、一个乡镇、一个县区，甚至是一个省、一个国家。生产布局规划的时间可以是一个作物季节、一年、几年甚至几十年等。生产布局规划的规模同样可以有大有小。根据需求，合理进行规划，但是，农作物的生产布局需要坚持一些基本原则、把握一些重要环节。

2. 农作物生产布局的基本原则

（1）需求原则

在国家或地方政府的导向的基础上，结合市场需求及自身发展需求合理制定生产布局。

（2）生态适应性原则

生态适应性是指在一定区域内农作物的生物学特性与自然生态条件相适应的程度。一种农作物（或品种）只能在一定的环境条件下生长发育。需要强调的是，能够种植的并不意味着适应性就是最优的。例如，小麦在我国各地都有种植，但是最适宜区域是黄淮海平原及青藏高原，虽然华南也有种植，但是产量、品质较差，种植面积并不大。

（3）经济效益原则

获得良好的经济效益是进行农作物生产布局的根本出发点，根据生产成本和农产品价格趋势，进行合理安排农作物生产布局，才能获得最大收益。

（4）可行性原则

进行生产布局时，必须结合现有的经济基础、技术水平、生产条件客观地进行规划生产布局，否则，就会导致严重亏损甚至破产。

3. 进行农作物生产布局的主要环节

（1）明确市场需求

只有生产出满足市场需求的产品，才能实现生产的价值。因此，在进行生产布局规划之前，必须进行市场调研，准确了解市场需求，才能有的放矢，为社会生产出满足需要的农产品。

（2）查清生产条件

查清当地自然条件，包括热量条件、水利条件、光照条件、地貌条件等，以及资金投入规模、设备装备水平、技术储备多寡、贮藏加工能力、政府鼓励与否等。

（3）进行可行性评估

尤其是对较大规模的生产布局进行规划时，必须进行可行性评估，准确分析能够满足生产各个环节的条件。评估内容包括：自然资源是否得到科学合理利用和保护，生产者素质能否达到要求，耕作、管理、收获、贮藏条件是否达到要求，经济效益是否得到显著提高。

（二）农作物的种植方式

农作物种植方式主要有复种、间套作、轮作与连作等。

1. 复种

（1）复种及其相关概念

复种是指在同一地块上一年内连续种植两季或两季以上的种植方式。复种是我国农业增产增收的重要途径。耕地复种程度的高低常用复种指数来表示，即全年总收获面积占耕地面积的百分比。公式为：复种指数＝年农作物收获的总面积/耕地面积×100%。国际上通常用种植指数来表示用地的程度，其含义与复种指数相同。

复种有接茬复种、移栽复种和套作复种等形式。

接茬复种是指在同一地块上，一年内前茬作物单作收获后，播种下茬作物的种植方式。如小麦收获后，接着播种玉米或大豆等。

移栽复种是指在同一地块上，一年内前茬作物单作收获后，移栽下茬作物的种植方式。如大蒜收获后，移栽棉花或西瓜等。

套作复种是指在同一地块上，一年内前茬作物单作收获前，在前茬作物行间套种或移栽下茬作物的种植方式。如小麦套种玉米、棉花或西瓜等。

（2）熟制

熟制是我国对耕地利用程度的另外一种表示方法，它以年为单位表示收获农作物的季数。常见的熟制有"一年两熟""两年三熟""一年多熟"等。一年两熟是指一年内收获两季作物，如冬小麦–夏玉米，用符号"–"表示年内复种；两年三熟是指两年内收获三季作物，如春玉米→冬小麦→夏甘薯，用符号"→"表示年间复种。

（3）休闲

休闲是指耕地在可耕种农作物的季节里不种植作物，它是恢复地力的一种措施，包括全年休闲或季节休闲两种形式。

（4）复种条件

自然条件能否满足作物正常生长需求是决定能否复种的前提。

（5）复种技术

科学的复种技术，可以更好地发挥复种的作用，提高复种的效益。

当前主要的复种技术包括：

①选择适宜的农作物组合及适宜的农作物品种。熟制确定后，选择适宜的农作物组合

及适宜的作物品种，有利于解决复种遇到的热量、水、生长期的矛盾。如在热量资源紧张的区域，选育生育期较短的农作物比较稳产。

②采用套作或育苗移栽技术。套作或育苗移栽技术是解决生长期的有效方法之一。如棉花育苗移栽技术、大蒜西瓜套作技术等。

③采用化学调控技术。运用现代的化学调控技术，缩短作物的生育期，缓解生长期不足的矛盾。如乙烯利催熟技术等。

2. 间作与套作

（1）间作与套作的概念

间作与套种是相对于单作而言。

单作，是指同一地块上种植一种农作物的种植方式。这种种植方式农作物种类单一，农作物对环境条件要求一致，生育期比较一致，便于田间统一种植、管理与机械化作业。

间作是指在同一地块同一生长期内，分行或分带相间种植两种或两种以上农作物的种植方式，用"｜｜"表示。间作时，不论种植的农作物有几种，均不加复种面积，间作农作物的播种期、收获期可能相同，也可能不同。间作是集约利用空间的种植方式。

套作，是指在前季作物后期，在株行间种植或移栽后季农作物的种植方式，又称为套种，用"／"表示。套作是一种集约利用空间和时间的种植方式。

间作与套作都有农作物的共生期，不同的是，间作农作物的共生期超过了其生育期的一半以上，套作的共生期较短。

（2）间作与套作的作用

①增产。实践证明，合理的间、套作比单作具有增产作用。近年来，我国耕地面积不断减少，而粮、棉、油、菜等农作物产量不断增长，这些均与间、套作技术的采用密切相关。

②增效。合理的间、套作能够以较少的投入换取较多的经济收入。在河南大面积的麦棉两熟区，一般每公顷纯收益比单作棉田提高15%左右，如棉花与瓜、蔬菜、油菜间、套作，有的比单作棉田收入多2~3倍。

③稳产。合理的间、套作能够利用农作物的不同特性，增强对灾害天气的抗逆能力，达到稳产保收。如玉米与谷子间作，干旱年份谷子能够保收，湿润年份可发挥玉米的增产作用，达到玉米、谷子双增收。另外，玉米与大白菜间作能减轻大白菜的病虫害，具有稳产保收的功能。

④缓解农作物争地的矛盾。间、套作是对土地的集约利用，在一定程度上可以调节粮

食作物与棉、油、烟、菜、药、绿肥、饲料等大田农作物及果林之间对温、光、水、肥等环境因素的需求矛盾。

3. 轮作与连作

（1）轮作与连作的概念

轮作是指在同一田地上有顺序地轮换种植不同种类农作物的种植方式。如在同一块地里，第一年种大豆，第二年种小麦，第三年种玉米，即一年一熟条件下的大豆→小麦→玉米三年轮作；在一年多熟（作）条件下，轮作由不同的复种方式组成，如油菜-水稻-绿肥-水稻-小麦/棉花。

连作是指在同一田地上连年种植相同种类农作物的种植方式。在同一田地上采用同一种复种方式，也称为连作。

（2）轮作的作用与类型

①轮作的作用。

A. 减轻农作物病虫危害。农作物的某些病虫害是通过土壤传播或感染的，如棉花枯黄萎病、水稻纹枯病、烟草黑胫病、大豆胞囊线虫病、马铃薯青枯病、甘薯黑斑病及危害农作物的地下害虫等。每种病虫对寄主都有一定的选择，实行抗病农作物与感病农作物轮作，更换了病菌、害虫的寄主，恶化其生长环境，从而达到减轻病虫害的目的。

B. 充分利用土壤养分。不同农作物实行轮作，可以全面均衡地利用土壤中各种营养元素，用养结合，维持地力。如禾谷类作物需氮较多，豆科作物能固氮，两者轮作可互补；小麦、甜菜、麻类等农作物只能利用土壤中的易溶性磷，而豆类、十字花科作物及荞麦根系能有效地利用土壤中难溶性磷，它们之间轮作可全面吸收土壤中各种状态的磷；棉花、玉米、大豆等农作物根系较深，而小麦、马铃薯、水稻、甘薯等根系较浅，它们在土壤中摄取养分的范围不一致，可充分利用不同土层中的养分；绿肥和油料农作物的根茎、落叶、饼肥能还田，既用地，又养地，适合与水稻、小麦等需肥多的作物轮作。

C. 减轻田间杂草的危害。某些杂草往往与农作物伴生，如麦田的野燕麦、稻田的稗草、棉田的莎草和看麦娘、大豆田的菟丝子等，长期连作会增加草害，实行合理轮作，可以改变杂草的生存环境，有效地抑制或消灭杂草，如进行水旱轮作，把一些旱地杂草种子淹死，减轻杂草的传播。

D. 改善土壤理化性状。禾谷类农作物有机碳含量多，而豆科农作物、油菜、棉花等农作物有机氮含量较多，不同作物秸秆还田对土壤理化性状产生不同的影响。密植性农作物根系细密，数量多，分布均匀，根系浅，能起到改良土壤结构、疏松耕层的作用；而深根性农作物,对深层土壤有明显的疏松作用。在长年淹水条件下,土壤会出现结构恶化、有毒物质增多的后果,水旱轮作能明显地改善土壤的理化性状。

②轮作的类型。轮作包括大田农作物轮作、粮菜轮作和粮饲轮作三种类型。随着农业结构的调整,粮菜轮作、粮饲轮作的比例正在增大。主要轮作类型有以下几种:

A. 一年一熟轮作。一般种几年粮食作物,种一茬豆科作物或休闲恢复地力,在豆科作物或休闲之后种植主要粮食作物。

B. 粮经作物复种轮作。在生长期较长、劳力充裕、水肥条件较好的地区,实行两年三熟或一年两熟等多种形式。在日照、温度不足的地区,多采用套作复种,并有间、套互补型经济作物或饲料以恢复地力。

C. 绿肥轮作。一般是采用短期绿肥与粮经作物轮作。

(3) 连作的危害与防治技术

①连作的危害。

A. 土壤养分结构失调,有害物质增加。长期连作引起营养物质偏耗,使土壤原有的矿质营养的种类、数量和比例失调;有毒物质大量积累,造成"自毒"或"他感"现象,使根系发育受阻,产量低下,品质降低。

B. 土壤物理结构破坏。某些农作物连作或复种连作,会导致土壤理化性质恶化,肥料利用率下降。

C. 衍生物结构的破坏。长期连作使伴生性和寄生性杂草增加,与农作物争光、争肥、争水;某些专一性的病虫害积累蔓延,如小麦根腐病、玉米黑粉病等;土壤微生物的种群数量和土壤酶活性发生变化,影响土壤的供肥力,造成农作物减产。

②连作的技术

合理选择连作农作物和品种,并相应采取针对性的技术措施,能有效减轻连作的危害,延长连作年限。

选择耐连作的农作物和品种,根据农作物耐连作程度的不同,可把农作物分为三种类型:

忌连作的农作物。如大豆、豌豆、蚕豆、花生、烟草、西瓜、甜菜、亚麻、黄麻、红麻、向日葵等,这些农作物连作,容易加重土传病害,引起明显减产。生产中,每种一年应间隔2~4年才能再次种植。

耐短期连作的农作物。如豆科绿肥、薯类作物等,这些农作物短期连作,土传病虫害较轻或不明显,可连作1~2年,间隔1~2年。

耐长期连作的农作物，如水稻、麦类、玉米、棉花等，可以连作 3~4 年或更长时间。除了选择耐连作的农作物外，选用抗病虫的高产品种，也能在一定程度上缓解连作危害。

③采用先进的农业技术。如用激光和高频电磁波辐射等进行土壤处理，杀死土传病原菌、虫卵及杂草种子；用新型高效低毒农药、除草剂进行土壤处理或农作物残茬处理，可有效减轻病虫草的危害；依靠化肥和施用农家肥，及时补充土壤养分，可使土壤保持作物所需养分的动态平衡；通过合理的灌排水管理，可冲洗土壤有毒物质等。

第二节　农作物的产量与品质

一、农作物的产量及产量形成

（一）作物产量的概念

作物产量包括经济产量、光合产量和生物产量。

1. 经济产量

经济产量是指栽培目的所需要的产品收获量。如禾谷类、豆类、油料作物的籽实，薯类作物的块根、块茎，棉花的籽棉，麻类作物的韧皮纤维，甜菜的根，甘蔗的茎，烟草和茶叶的叶片，绿肥作物的茎、叶，饲用玉米的茎、叶、穗等的收获量都属于经济产量。

2. 光合产量

光合产量是指在全生育期中，通过光合作用同化的光合产物及其衍生物的总量，包括整个生育过程中的呼吸消耗和其他的损耗在内。

3. 生物产量

生物产量是指作物在整个生育期中积累的有机物质的总量，通常以整个植株的收获量计算，因根系无法全部回收，所以除产品在地下的作物外，生物产量一般只计地上部分的产量，均不计根系重量，收获前枯落的部分通常也忽略不计。

4. 经济系数

一般情况下，作物的经济产量、光合产量、生物产量三者互相影响，互相联系。以收获物为目的的经济产量仅是生物产量的一部分，是以光合产量和生物产量为基础的。但是，有了较高的光合产量和生物产量，不一定能获得较高的经济产量，还取决于光合产量、生物产量转化为经济产量的效率，这种转化效率称为经济系数或收获指数，即经济产量与生物产量的比值（经济系数=经济产量/生物产量）。

经济系数是综合反映作物产量和栽培技术水平的一个通用指标，经济系数越高，说明对有机物的利用越经济，栽培措施应用得当，单位产品的经济效益也就越高。不同作物的经济系数差异很大，这也与作物的利用部分及其化学成分有关。主产品是营养器官的作物，经济系数较高，如薯类作物为70%~80%。而收获籽实的作物经济系数较低，如水稻为50%左右，小麦30%~40%，玉米25%~40%，油菜28%左右，大豆30%左右。另外，经济系数还与收获产品的化学成分有关，如产品组成以碳水化合物为主的作物，经济系数较高，而产品含脂肪、蛋白质较高的作物，经济系数较低。

（二）产量的构成因素及相互关系

作物生产以高产、高效、优质为目的。为了进一步提高产量，必须研究作物产量的构成因素及其相互关系。作物单位面积上的产量（经济产量）是单位面积上各单株产量之和。作物种类不同，其产量构成因素也有所不同。如禾谷类产量构成因素是穗数、穗粒数和粒重；棉花产量构成因素是株数、单株铃数、单铃重及衣分。研究不同作物产量构成因素的形成过程以及影响这些因素的条件，可以采取相应的农业技术措施。

如禾谷类作物单位面积上的产量，决定于单位面积上的穗数、平均穗粒数和平均粒重（常以千粒重表示）三个因素，其关系如下：产量（kg/hm^2）= 每公顷穗数×每穗平均粒数×千粒重（g）／（1000×1000）。

由上式可见，单位面积上的穗数越多，平均每穗粒数越多，千粒重越大，则产量也越高。但不同品种，或同一品种的不同田块，即使产量相等，三个产量构成因素也可以不一样。有的是穗数较多，有的是每穗粒数较多，有的是千粒重较高，也有时有两个因素较好或三个因素同时发展。以小麦为例，北方高产田的产量构成因素是以多穗为特点的，而南方高产田的穗数较北方少，但每穗粒数多则是构成高产的特点。因此，地区不同、生态和栽培条件不同，各自有不同产量因素的最佳组合。

二、农产品品质及品质形成

（一）农产品品质的概念

优质主要是指农产品自身及其延伸所表现出的优良品质，包括营养品质、加工品质和商业品质三个方面。

营养品质指农产品所含的营养成分，如蛋白质、脂肪、淀粉以及各种维生素、矿物质元素、微量元素等，还包括人体必需的氨基酸、不饱和脂肪酸、支链淀粉与直链淀粉等。加工品质主要指食用品质或适口性。

加工品质不仅与农产品质量有关，而且与加工技术有关。稻米蒸煮后的食味、黏性、软硬、香气等差异，表现为不同的食用品质。面粉可以制成松软、多孔、易于消化的馒头和面包等，这些食品的质量与小麦所含的面筋高低以及系列加工技术均有关系。

商业品质是指农产品的形态、色泽、整齐度、容重、装饰等，也包括是否有化学物质的污染。

（二）农产品品质指标

1. 生化指标

常用的生化指标有蛋白质、氨基酸、脂肪、淀粉、糖分、维生素、矿物质及有害的化学成分含量，如化学农药、有毒重金属的含量等。

2. 物理指标

物理指标指产品的外观形状、大小、味道、香气、颜色、光泽、种皮厚薄、整齐度、纤维长度、纤维强度、破碎程度等。

3. 食用品质指标

食品在蒸、煮、煎、炸与食味等方面的指标。如稻米的直链淀粉与支链淀粉的含量、糊化程度，米粒的黏度、延展性、膨胀性等，都反映了稻米的食用品质。研究证明，硫化物（硫化氢、甲硫醇、二氧化硫等）和羧基化合物（醛、酮类）是决定米饭气味的主要因素。面粉的面筋含量、面筋的延展性则反映了面粉的食用品质。

（三）提高作物产品品质的途径

1. 选用优质品种

随着育种手段的不断改进，品质育种越来越受到重视。粮、棉、油等主要作物的优质品种，有很多得到了推广。如"双低"（低芥酸、低硫代葡萄糖）的杂交油菜品种；高蛋白质、高脂肪的大豆品种；高赖氨酸的玉米品种；抗虫的转基因棉花品种等。这对我国农业走向高产优质起到了推动作用。

2. 采用适宜的栽培技术

（1）合理轮作

通过改善土壤状况、提高土壤肥力而提高作物产量和品质的。如棉花和大豆轮作，可使棉花产量增加，成熟提早，纤维品质提高；马铃薯和玉米间作，可防止马铃薯病毒病，提高其品质等。

（2）合理密植

作物的群体过大，个体发育不良，可使作物的经济形状变劣，产品品质降低。如小麦群体过大，后期引起倒伏，籽粒空瘪，蛋白质和淀粉含量降低，产量和品质下降。纤维类作物，适当增加密度，能抑制分枝、分蘖的发生，使主茎伸长，对纤维品质的提高有促进作用。

（3）科学施肥

用科学的方法施肥，能增加产量，改善品质。如棉花，适当增施氮肥能使棉铃增重、纤维增长；施磷肥可增加衣分和籽指；施钾肥可提高纤维细度和强度；使用硼、钼、锰等微量元素能促进早熟，提高纤维品级等。对烟草而言，过多施用尿素，会造成植株贪青晚熟、烟叶难以烘烤。所以，要针对不同的作物，合理施用营养元素，提高其品质。

（4）适时灌溉与排水

水分的多少也会影响产品品质。水分过多，会影响根系的发育，尤其对薯类作物的品质极为不利，食味差、不耐贮藏、肉色不佳，甚至会产生腐烂现象。如土壤水分过少，也会使薯皮粗糙，降低产量和品质。

（5）适时收获

小麦要求在蜡熟期收获，到了完熟期蛋白质和淀粉含量均有下降；水稻收获过早，糠层较厚；棉花收获过早或过晚都会降低棉纤维的品质。

3. 提高农产品的加工技术

农产品中的有害物质（单宁、芥酸、棉酚等）可以通过加工的方法降低或剔除。如菜籽油经过氧化处理后，将几种脂肪放不同的油脂调配成"调和油"，极大地改善了菜籽油的品质，将稻谷加工成一种新型的超级精米，使80%的胚芽保留下来，其品质较一般米优良。另外，在食品中添加人类必需的氨基酸、各种维生素、微量元素等营养成分，制成形、色、味俱佳的食品，大大提高了农产品的营养品质和食用品质。

第三节　农作物品种及其在农作物生产中的重要性

一、品种

（一）品种的概念

品种是人类在一定的生态条件和经济条件下，根据需要所选育的某种作物的群体。这种群体具有相对稳定的遗传特性，在生物学、形态学及经济性状上有相对一致性，而与同一作物的其他群体在特征、特性上有所区别；这种群体在相应地区和耕作条件下种植，在产量、品质和适应性等方面都符合生产发展的需要。

品种是人类劳动的产物，是经济上的类别。任何栽培作物均起源于野生植物，在野生植物中，只有不同的类型，没有品种之分。人类经过长期栽培和选择，选育出具有一定特点、适应一定自然和栽培条件的作物品种。因此，任何作物品种，虽然有其在植物分类学上的地位，属于一定的种及亚种，但不同于分类学上的变种。更重要的是作为农业上重要生产资料的品种，首先在于它在生产和生活上的经济价值，所以说品种是经济上的类别。

品种是一种重要的农业生产资料。优良品种必须具备高产、稳产、优质等优点，深受群众欢迎，生产上广为种植。如果不符合生产上的要求，没有直接利用价值，不能作为农业生产资料，也就不能称为品种。

（二）品种的特征

1. 品种的稳定性

任何作物品种，在遗传上应该相对稳定，否则由于环境常常变化，品种不能保持稳定，优良性状不能代代相传，就无法在生产上应用和满足农业生产的需要。

2. 品种具有地区性

任何一个作物品种都是在一定的生态条件下形成的，所以，其生长发育也要求种植地区有适宜的自然条件、耕作制度和生产水平。当条件不适宜时，品种的特定性状便不能发育形成，从而失去其生产价值。

3. 品种特征的一致性

品种在形态特征、生物学特性和经济性状上应该基本一致，这样才便于栽种、管理、收获，便于产品的加工和利用。许多作物品种的株高、抗逆性和成熟期等的一致性对产量和机械收获等影响很大。如棉花品种纤维长度的整齐一致性，对纺织加工有重要意义。但对品种在生物学、形态学和经济性状上一致性的要求，不同作物、不同育种目的也要区别对待。同一地区首先要求的是高产性的一致，然后才要求稳产、优质等。

4. 品种利用的时间性

任何品种在生产上被利用的年限都是有限的。每个地区随着耕作栽培条件及其他生态条件的改变、经济的发展、生活水平的提高，对品种的要求也会提高，所以必须不断地选育新品种以更替原有的品种。对原有的品种来说，若在多个地区被淘汰，不再是农业生产资料时，也就不再称为品种，只能当作育种原始材料来使用。

作物品种除了纯系品种外，还有不同类型，如多系品种、杂交群体品种、杂种品种、综合品种、无性系品种等，所有类型的品种都应具有上述的基本性能和作用。

（三）品种的类型

1. 同型纯合类

同型纯合类（个体纯合、群体同质）。包括：①纯育品种。由遗传背景相同和基因型纯合的一群植物组成，主要是自花授粉植物经系谱法育成的品种。②自交系。其中自花授粉植物的纯育品种可直接用于生产，配合力高的可用于配制杂交品种。异花授粉植物的自交系只在配制杂交品种时使用。

2. 同型杂合类

同型杂合类（个体杂合、群体同质）。包括：①杂交种品种。是指采用遗传上纯合的亲本在控制授粉条件下生产特定组合的一代杂种群体。群体内植株间基因型彼此相同而又高度杂合，所以杂种优势显著。②营养系品种，是由单一优选植株或变异器官无性繁殖而成的品种。该类品种内个体间高度一致，但是在遗传上和杂交种品种一样高度杂合。

3. 异型纯合类

异型纯合类（个体纯合、群体异质）。包括：①杂交合成群体，它是由自花授粉植物两个或两个以上在主要性状上相似的纯系品种杂交后繁育而成的分离的混合群体，是多种基因型的混合群体。它比纯育品种适应能力更强。②多系品种，它是若干个农艺性状表现型基本一致，而抗性基因多样化的相似品系的混合体。其中，多系品种的每个成员每年都要分别繁殖。

4. 异型杂合类

异型杂合类（个体杂合、群体异质）。包括：①自由授粉品种，该品种在生产、繁殖过程中品种内植株间自由传粉，而且难以完全排除和相邻种植的其他品种间的相互传粉，所以群体难免包括一些其他品种的种质。例如，白菜、甜瓜等异花授粉植物的地方品种都属于自由授粉品种。②综合品种，或称异花授粉作物的综合品种，是由异花授粉植物的若干个经济性状配合力良好、彼此相似的家系或自交系在隔离条件下随机交配组成的复杂群体。综合品种无论从个体还是群体来说，遗传都比较复杂，但它们常具有 1~2 个以上代表本品种特征的性状可以识别。综合品种遗传基础较广，对环境常具有较强的适应能力。

二、优良品种在生产中的作用

农业生产上的良种具有两种意义：一是指农作物的优良品种，一是指优质种子。因此就农业生产上的良种而言，应该是优良品种的优质种子。优良品种是指符合农业生产的要求并能稳定遗传的各种优良性状的品种；优质种子是指种子本身所具有的很好的播种品质。

良种在生产中的作用主要表现在以下几方面：

（一）提高产量

良种一般丰产潜力较大，在相同的地区和栽培条件下，能够显著提高产量。目前，除一些栽培面积小的作物外，我国各地都普遍推广增产显著的良种，一般可增产 10%~15%，有的可达 50%，个别成倍增产。

（二）改进品质

随着国民经济的发展和人民生活水平的提高，在提高产品品质方面，品种起着重要的作用。在国际上，粮食作物的高产育种有了新的进展之后，出现了以提高蛋白质和赖氨酸含量为主的品质育种的新趋势；为满足纺织工业发展的需要，纤维作物要求在丰产的基础上，品质优良；油料作物籽粒在含油量高的同时也要求品质好。

（三）增强抗逆性

良种对经常发生的病虫害和环境胁迫具有较强的抗逆性，在生产中可减轻或避免产量的损失和品质的变劣。

（四）适应性广

良种要求适应栽培地区广，适应肥力范围宽，适应多种栽培水平。此外，随着农业机械化的发展，要求品种还要适应农业机械操作。如稻、麦品种应要求茎秆坚韧，易脱粒而不易落粒等；棉花品种应要求吐絮集中，苞叶能自然脱落，棉瓣易于离壳；等等。

（五）改进耕作制度，提高复种指数

新中国成立前，我国南方很多地区只栽培一季稻。新中国成立以来，随着早、晚稻品种及早熟丰产的油菜、小麦品种的育成和推广，到现在南方各地双季稻、三熟制的面积大幅度提高，促进了粮食和油料种植业生产的发展。

第四节　农作物生产的主要技术环节

一、土壤耕作技术

土壤耕作是利用农机具的机械力量来改善土壤的耕层结构和地表状况的技术措施。土壤耕作不能增加土壤肥力，主要起调养地力的作用。其主要目的是根据农作物的要求，因地制宜地采取不同措施，为农作物生长发育创造有利的土壤环境，为防止农作物病虫害、草害的发生及养分的损失创造有利条件，达到农作物高产稳产。土壤耕作包括基本耕作、表土耕作和少耕免耕。

（一）基本耕作

基本耕作又称初级耕作，指入土较深、作用较强烈、能显著改变耕层物理性状、后效较长的一类土壤耕作技术。

1. 翻耕

翻耕的主要工具有铧犁和圆盘犁。作用为翻土、松土、碎土。耕翻后的土壤水分易于挥发，故这项措施不适用于缺水地区。

（1）翻耕方法

一是螺旋型犁壁将垡片翻转 180°的全翻垡。该耕法覆土严密，灭草作用强，但碎土差，消耗动力大，只适合开荒，不适宜耕熟地；二是用熟地型犁壁将垡片翻转 135°的半翻垡，翻后垡片与地面成 45°。该耕法牵引阻力小，翻、碎土兼有，适用于一般耕地；三是分层翻耕，是采用复式犁将耕层上下分层翻转，地面覆盖严密，质量较高。

（2）翻耕时期

一年一熟或两熟地区，在夏、秋季作物收获后以三伏天进行的翻耕——伏耕为主，秋收作物后和秋播作物前以秋耕为主。水田、低洼地、秋收腾地过晚或因水分过多无法及时秋耕的，可进行春耕。但伏耕优于秋耕，早秋耕优于晚秋耕，秋耕优于春耕。

（3）翻耕深度

因农作物和土壤性质而不同。禾谷类作物和薯类作物根系分布浅，棉花、大豆等作物根系分布较深，耕深超过主要根系分布的范围所起作用不大。一般大田翻耕深度，旱地 20~25cm，水田 15~20cm 较为适宜。在此范围内，黏质土可适当加深，沙质土宜稍浅。

2. 深松耕

深松耕是以无壁犁、深松铲、凿形铲对耕层进行全田的或间隔的深位松土。耕深可达 25~30cm，最深为 50cm。此法分层松耕，不乱土层，适合于干旱、半干旱地区和丘陵地区，以及盐碱土、白浆土地区。

3. 旋耕

采用旋耕机进行。旋耕机上安装犁刀，旋转过程中起切割、打碎、掺和土壤的作用。一次旋耕既能松土，又能碎土，水田、旱田都可使用。旋耕深度一般在 10~12cm，应作为翻耕的补充作业，与翻耕交替应用。

（二）表土耕作

表土耕作也称次级耕作，是在基本耕作基础上采用的入土较浅、作用强度较小的耕作措施，旨在改善 0~10cm 表土状况的一类土壤耕作技术。

1. 耙地

耙地是指翻耕后、播种前或出苗前、幼苗期所进行的一类表土耕作措施，一般 5cm 深。耙地的工具有圆盘耙、钉齿耙、振动耙和缺口耙。圆盘耙应用较广，可用于收获后浅耕灭茬，可深达 8~10cm，在水、旱田上用于翻耕后破碎土块；旱地上用于早春顶凌耙地，耙深 5~6cm。钉齿耙常用于播种后出苗前后，目的在于破除板结土壤，常用于小麦、玉米、大豆的苗期，杀死行间杂草。振动耙主要用于翻耕或深松耕后整地，作业质量好于圆盘耙。缺口耙入土较深，可达 12～14cm。常用缺口耙代替翻耕。

2. 耱地

耱地也称耢地，是一种耙地之后的平土碎土作业。一般作用于表土，深度为 3cm，有碎土、轻压、耱严播种沟、防止透风跑墒等作用。多用于半干旱地区旱地上，也用在干旱地区灌溉地上。多雨地区或土壤潮湿时不能采用。

3. 镇压

镇压具有压紧耕层、压碎土块、平整地面的作用。作用深度 3～4cm，重型镇压器可达 9～10cm。较为理想的镇压器是网型镇压器，可压实耕层，疏松地面，减少水分蒸发，镇压保墒。主要应用于半干旱地区和半湿润地区播种季节较旱时。

4. 做畦

北方水浇地上的小麦做畦，畦长 10～50m，畦宽 2～4m，为播种机宽度的倍数，四周做宽约 20cm、高 15cm 的畦硬。做畦于播种前进行，作用是便于田间灌溉和防渍排涝。

5. 起垄

起垄的作用是提高地温、防风排涝、防止表土板结、改善土壤通气性、压埋杂草等。起垄是垄作的一项主要作业，用犁开沟培土而成，垄宽 50～70cm。可边起垄边播种，也可先起垄后移栽。

6. 中耕

中耕是农作物生长过程中进行的表土耕作措施。其作用是疏松表土、破除板结、增温透气、防旱保墒、消除杂草等。中耕的时间和次数应依农作物种类、播期、杂草与土壤状况确定。对生育期长、杂草多、封行晚、土质黏重、盐碱较重及灌溉地，中耕次数要多；反之，则要少。中耕时间要掌握一个"早"字；中耕深度应根据农作物种类、行距、是否培土及农业技术的要求进行。一般农作物幼苗期中耕要浅；中期要深，行距宽、要培土的中耕要深。

中耕在旱地作物生产中应用广泛。深度在 10cm 以上的中耕称深中耕，是防止作物徒长的一项有效措施。越冬作物培土，可以提高土温。

（三）少耕与免耕

1. 少耕

少耕是指在常规耕作基础上，尽量减少土壤耕作次数，或全田间隔耕种、减少耕作面积的一类耕作方法。此方法有覆盖残茬、蓄水保墒和防水蚀、风蚀的作用，但在杂草危害严重时，应配合杂草防除措施。

2. 免耕

免耕又称零耕、直接播种，是指农作物播种前不用犁、耙整理土地，直接在茬地上播种，播后及农作物生育期间也不使用农具进行土壤管理的耕作方法。

少耕、免耕的基本做法是：①用生物措施（如秸秆覆盖）代替土壤耕作；②用化学措施及其他新技术代替土壤耕作，如除草剂、杀虫剂等代替中耕等除草作业；③采用先进的机具代替土壤耕作，如用翻耕机代替犁、耙、播种等作业，一机一次完成多项作业，减少机具在田间的来往次数。

少耕、免耕法仍处在不断发展中，它们不仅能减少耕作、保护土壤、节省劳力、降低成本，而且还可争取农时，及时播栽，扩大复种。但是，随着少耕、免耕法的发展，所带来的问题也日渐增多，如耕作表层富化而下层（10~20cm）贫化，杂草、虫害增多等，有待进一步研究和寻找解决办法。

二、种子的播前处理技术

（一）种子清选

种子纯度、净度、发芽率等方面必须符合相关的国家标准，确保播种质量。一般种子纯度应在96%以上，净度不低于95%，发芽率不低于90%。播种前进行种子清选，清除空瘪粒、虫伤病粒、杂草种子及秸秆碎片等杂物，保证种子纯净、饱满、生命力强，使其发芽整齐一致。常用的方法有筛选、粒选、风选和液体密度选等。

（二）晒种

播种前晒种，可以打破种子休眠，增进种子的活性，提高胚的生活力，增强种皮的透性，也有提高发芽势和发芽率的作用。晒种也能起到一定的杀菌作用。

（三）种子包衣

种子包衣是采用机械和人工的方法，按一定的种、药比例，把种衣剂包在种子表面并迅速固化成一层药膜。种衣剂化学成分分为活性部分和非活性部分，活性部分是对种子和作物起作用的物质，主要有农药、微肥、生长调节剂和微生物等。非活性部分指成膜剂、稳定剂、警戒色料等。包衣后能够达到苗期防病、治虫，促进作物生长，提高产量以及节约用种，减少苗期施药等效果。

（四）浸种催芽

浸种催芽是人为地创造种子萌发最适宜的水分、温度和氧气条件，促使种子提早发芽，发芽整齐，提高成苗率的方法。浸种时间因作物种类和季节而异。浸种后即行催芽，催芽温度以 25~35℃为好。一般应掌握高温破胸、适温长芽和低温炼芽三个过程。浸种催芽在水稻生产上应用广泛。小麦、棉花、玉米、花生、甘薯、烟草等作物有时也采用催芽播种。

三、播种技术

（一）确定播种期

适期播种不仅能保证种子发芽和出苗所需的条件，并且能减轻或避免高温、干旱、阴雨、风霜和病虫害等多种不利因素，达到趋利避害，适时成熟，稳产高产。播种期的确定，要根据品种特性、种植制度、气候条件、病虫草害和自然灾害等几个方面的因素综合考虑。在气候条件中，温度是影响播期的主要因素。

（二）确定播种量

播种量是指在单位面积上播下的种子量。确定适当的播种量是合理密植的前提，是保证个体与群体协调发展的关键。确定播种量时，主要依据单位面积内留苗（株）数和间苗与否，同时结合种子千粒重、发芽率、净度、田间出苗率等计算而得。

（三）采用适宜的播种方式

播种方式是指播下的种子在田间的排列和配置方式。分撒播、条播、点播和精量播种等。

撒播是将种子均匀地撒在畦面，然后覆土，多用于育苗。

条播是在畦面按一定距离播种，种子在土壤内成行分布，或直接用条播机播种。在生产上广泛采用。

点播又称穴播或丛播。按一定行距和株距开穴播种，每穴播种一至数粒种子。精量播种是在点播的基础上发展起来的经济用种的播种方法，是将单粒种子按一定距离和深度准确地播入土内，获得均匀一致的发芽条件，促进每粒种子发芽，达到苗齐、苗全、苗壮的目的。精量播种和种子包衣配套应用是农作物现代化生产技术的重要措施之一，生产中应加以推广和利用。

（四）播种深度

播时种子的入土深度为播种深度。种子上的盖土厚度即覆土厚度。播种深度取决于种子大小、顶土力强弱、气候和土壤环境等因素。小麦、玉米、高粱等单子叶作物，顶土能力强，播种可稍深；大豆、棉花、油菜等双子叶作物，子叶大，顶土较难，播种可稍浅。黏土质土壤，墒情好，播种可稍浅。

（五）育苗移栽

1. 育苗方式

育苗移栽是我国传统的精耕细作栽培方式，它是相对直播而言的。应用育苗移栽，可以争取季节，培育壮苗，节约成本。缺点是移栽费工，根系较浅，易倒伏。常用的有湿润育苗、阳畦育苗、营养钵育苗、旱育苗、无土育苗等方式。

2. 苗床管理

出苗期采用高温条件，促进迅速出苗；幼苗期（出苗至三叶期）一般采取保温、调温；成苗期要进行炼苗，培育壮苗，并注意防治病虫害；移栽前炼苗，施"送嫁肥""起身药"。苗床期还要注意防晴天高温、防大风揭膜、防大雨冲厢；根据需求管好水分，以水调温、调肥；及时间苗、定苗、拔除杂草。

3. 移栽

移栽要根据作物种类、适宜苗龄和茬口等确定适宜的移栽时期。一般适宜的移栽叶龄，棉花为3~4叶，油菜为6~7叶。移栽前要先浇好水，取苗和移栽时不伤根或少伤根。要提高移栽质量，保证移栽密度，栽后要及时施肥浇水，以促进早活棵和幼苗生长。

（六）查苗补苗、间苗定苗

一般在幼苗出土后要及时进行查苗，如发现有漏播缺苗现象，应立即进行浸种补种或移苗补栽。浸种补种是在田间缺苗较多的情况下采用，移苗补栽是在缺苗较少或缺苗时间较晚情况下的补缺措施。

多数作物的大田播种量以及育苗的播种量，一般都要比最后要求的定苗密度大许多，出苗后必须及时做好间苗、定苗工作。间苗要早，一般在齐苗后立即进行。间苗时要掌握"五去五留"，即去密留匀，去小留大，去病留健，去弱留强，去杂留纯。定苗是直播作物在苗期进行的最后一次间苗，按计划株距和每穴留苗数，留大小均匀一致的健壮苗株。

四、施肥技术

施肥是为了培肥土壤和供给作物正常生长发育所需要的营养。合理的施肥应综合考虑作物的营养特性、生长状况、土壤性质、气候条件、肥料性质来确定施肥的数量、时间、次数、方法和各种肥料搭配。

合理的施肥应遵循用养结合的原则、需要的原则和经济的原则，要以有机肥为主，有机肥和化肥相配合，氮、磷、钾三要素配合施用。

施肥包括基肥、种肥和追肥三种。一般在作物施肥总量中，基肥占 50%～80%，种肥占 5%～10%，追肥占 20%～50%。

五、灌溉技术

（一）灌溉

合理灌溉就是按作物的不同生育阶段的需水要求，拟定灌水定额，然后运用正确的灌溉方法与技术，使灌溉水顺畅地分布到田间，做到田间土壤湿润均匀，不发生地面流失或深层渗漏，不破坏土壤结构。常用的灌溉方法有地面灌溉、地下灌溉和喷灌等。微灌是一种新型的节水灌溉工程技术，包括滴灌、微喷灌和涌泉灌。滴灌是利用低压管道系统将水或溶有化肥的水溶液，经过滴头以点滴方式均匀、缓慢地使作物主要根系分布区的土壤含水量经常保持在适宜状态的一种先进灌溉技术。滴灌有省水、省工、省地、增产的效果。

（二）排水

农田排水具有除涝、防渍，防止土壤盐碱化，改良盐碱地、沼泽地等作用。通过调整土壤水分状况调整土壤通气和温湿状况，为作物正常生长、适时播种和田间耕作创造条件。农田排水包括清除地面水、排除耕层土壤中多余的水和降低地下水位。排水常用的方法有明沟排水和暗沟排水等。

六、病虫草害防治技术

农作物在生长过程中，常常由于病虫的危害而遭受重大损失。要做好病虫害防治工作，应贯彻预防为主、综合防治的植保方针，应用农业防治、生物防治、物理防治和化学防治等方法综合防治病虫害，把损失控制在最低限度。

杂草是田间非人工播栽生长的植物。杂草与作物争夺水分、养料，恶化田间光照条件和湿度条件，增加病虫的繁殖与传播，影响作物生长，降低作物产量和品质。杂草具有繁殖较快、生活力顽强和传播迅速的特性。防除杂草的方法很多，有农业除草法，如精选种子、轮作倒茬、水旱轮作、合理耕作等；机械除草法，如机械中耕除草；化学除草法，如使用土壤处理剂和茎叶处理剂等，化学除草具有省工、高效、增产的优点。

七、收获及农产品初加工

（一）收获期

作物生长发育到一定时期后，体内物质特别是收获器官中的淀粉、脂肪、蛋白质和糖类等的积累达到一定的水平，外观上也表现出一定的特征时，即可及时收获。收获过早，种子或产品器官未达生理或工艺成熟期，会使产量和品质降低；收获过迟，不仅影响后作的适时播种，有些作物会造成产量、品质或是工艺加工品质的降低。

1. 种子、果实的收获期

收获种子或果实的作物，其收获适期一般为生理成熟期。禾谷类、棉花、油菜、豆类、花生等作物的生理成熟期为产品成熟期。

2. 以块根、块茎为产品的收获期

甘薯、马铃薯等是收获地下块根、块茎营养器官的作物，由于它们无明显的成熟期，地上茎叶也无明显的成熟标志，故一般以地下贮藏器官膨大基本停止，地上再生新叶生长趋于停止、转黄时收获。同时结合气候、耕作制度和产品用途等，收获期可适当提前或推后。

3. 以茎、叶片为产品的收获期

麻类、烟草、甘蔗等作物的收获产品均为营养器官，其收获适期是以工艺成熟期为指标，而不取决于生理成熟。

（二）收获方法

收获方法因作物种类而异。一般采取以下几种方法：

1. 收割法

对禾谷类及豆类作物，用收割机或人工收割收获。

2. 摘取法

棉花在棉铃吐絮后，分期分批用人工或机械采摘。绿豆收获是根据果荚成熟度，分期、分批采摘，集中脱粒。

3. 掘取法

块根、块茎作物可用收获机械或人工挖掘收获。

（三）初加工

烟草、麻类、红薯、甘蔗等经济作物的产品，在收获后一般需要进行初加工。麻类作物在收获后，应先进行剥制和脱胶等加工处理，然后晒干、分级整理。采收后的烟叶装入烤房后即可进行烘烤，烘烤过程分为变黄、定色、干筋三个阶段，即"三段式"烘烤工艺。这样才能较好地保持烟叶的品质。

八、农产品的贮藏保管技术

（一）种子

干燥禾谷类等作物收获后，应立即进行脱粒，晒干或烘干扬净。棉花必须分级、分晒、分轧，以提高品质、增加经济效益。

（二）薯类

薯类以食用为主。鲜薯保鲜要注意三个环节：一是在收、运、贮过程中要尽量避免损伤破皮；二是在入窖前要严格选择，剔除有病、虫或机械损伤的鲜薯；三是加强贮藏期间的管理，特别要注意调节温度、湿度和通风。

第五章 棉花生产技术

第一节 棉花高产栽培的关键生产技术

一、全程化调技术

（一）全程化调是实现棉花稳长的需要

棉花生长发育特点表现为营养生长和生殖生长并进时间长。棉花不同生育阶段生长中心不同，各有侧重并保持协调平衡，如果环境条件和栽培措施不利于棉花正常生长，就会造成地上部分和地下部分营养生长失调，营养生长与生殖生长失调，棉花要么疯长旺长，蕾铃大量脱落，棉花个体和群体高、大、空，要么棉株矮小，搭不起丰产架子，最终难以获得高产稳产。棉花稳长是棉花生产各项技术管理措施与环境条件影响的综合效果，是棉花栽培管理水平的具体表现，是棉花生产管理的难点和重点，棉花稳长是棉花早发不早衰，优质、高产、稳产和高效的基础，因此，实现棉花稳长意义重大。如何实现棉花稳长，就需要全程化调技术。

1. 苗期生长发育特点与常见生长现象

苗期以营养生长为主，即长根、长茎、长叶，根的生长速度最快，是这一时期生长中心。露地移栽棉、直播地膜棉和移栽地膜棉的苗期生育各有特点，其中，营养钵育苗棉苗苗床时间长，如果管理不到位，容易形成高脚线苗和老僵苗；移栽的棉花没有主根，棉苗地上部分生长比较稳健，但移栽后常遇干旱少雨天气，有一段缓苗期，容易出现僵苗和弱苗。直播地膜棉和移栽地膜棉由于地膜增温保墒效果，棉花生长发育快，容易出现旺长。

2. 蕾铃期生长发育特点与常见生长现象

蕾期开始生殖生长加速，进入营养生长与生殖生长并进期，但以营养生长为主，根茎叶生长仍为中心。进入花铃期，营养生长与生殖生长并进，以生殖生长为主。湖北棉区盛蕾期至初花期正值梅雨季节，容易肥水碰头，形成水发旺长苗，造成蕾铃大量脱落，或出现洪涝渍害，棉苗生长不良。有些年份，梅雨季节不明显，同时出现伏旱天气，迟发且地力不肥的棉田棉株矮小，秆红叶黄，棉花封不了行，搭不起丰产架子。蕾期和花铃期也是棉花病虫害发生较重的时期，主要有"两萎"病造成的死苗和病株，棉红蜘蛛、棉蚜和棉粉虱造成的植株营养不良和植株矮小，氮肥过多、生长过旺的棉田棉盲蝽危害造成"公棉花"等。

有时水肥管理措施不当，如施氮过多或偏施氮肥、密度过大也会造成棉花疯长旺长，施肥偏少则会造成棉花生长不良。

（二）如何判断棉花稳长

要实现棉花稳长，大田棉苗生长动态是齐苗4月（直播地膜棉），5月起长（移栽棉），6月健长，7月稳长，嫩过8月，9月不衰。棉花生长状况可用叶色、现蕾早晚、形态和生长量变化等指标来判断。

1. 叶色变化

棉花是旺长、滞长还是稳长，在生理上受棉株体内碳、氮代谢调节。稳长棉花体内碳、氮代谢在棉花的不同生长发育时期产生变化，从叶色上出现"三黑"和"三黄"的变化，即移栽后到现蕾前出现第一黑，此期是体内氮素最旺盛的时期，现蕾初期出现第一黄，叶色适当落黄有利于棉花稳长。盛蕾期叶色转深，出现第二黑，要求叶片大小适中而稍薄，如果叶片肥厚，叶色黑绿发嫩，就会出现疯长。初花期棉株出现第二黄，如果此时叶色迟迟不退，会导致疯长和严重脱落。进入盛花期棉株叶色出现第三黑，此时棉株体内进入碳、氮代谢的全盛时期。棉花吐絮期出现第三黄，棉花营养生长急剧减退，生殖生长占主导地位。

如果长期氮代谢旺盛，叶色发黑，表明棉株体内氮素养分充足，光合产物积累不够或消耗过多，是棉花施氮过多，或水肥碰头，或长阴少晴，或密度过大相互荫蔽的结果，是旺长的表现。如果长期碳代谢旺盛，叶色发黄，表明棉株体内氮素养分不足，是缺水缺肥或受病虫害影响的结果，是滞长的表现。

2. 现蕾早迟

现蕾时间是判断旺长苗、稳长苗和滞长苗的重要标准。稳长苗现蕾早，一般中熟陆地棉6~8叶开始现蕾，而滞长苗和旺长苗现蕾迟，往往9~10片叶甚至更多时还不现蕾。

3. 棉花稳长的形态和生长指标

棉花不同时期生长的重点不同，环境条件对棉花生长的影响也不相同。棉花生长快慢和稳健与否可从棉花的形态和生长指标上看出。

（1）苗期稳长指标

苗床上播种 7 天左右齐苗，7 天左右出一片真叶；移栽时棉苗真叶 2~3 片，苗高 12~15 厘米，最大真叶 3.5~4.5 厘米，红茎比（红茎占茎高的比例）50%。移栽棉苗经缓苗恢复生长后，主茎日增 0.4~0.5 厘米，叶位是倒 4 叶最高，依次是 4、3、2、1，株型是株高小于株宽；旺长苗株高大于株宽，叶片大而薄；滞长苗红茎比超 70%，叶位是倒三叶或倒二叶最高，生长点呈冒尖状。

（2）蕾期稳长指标

初蕾时株高 20 厘米左右，主茎日增量 1~1.5 厘米，红茎比 60%；盛蕾期主茎日增量 2.0~2.5 厘米，红茎比 70%，主茎日增量超过 3 厘米为旺长。

（3）花铃期稳长指标

初花时株高控制 60~70 厘米，日增量 2.0~2.5 厘米，盛花结铃至打顶时日增量降到 1.0~1.5 厘米，株高最终控制在 130~140 厘米。棉花长相：株型紧凑，茎秆下部粗壮，节间短密，果枝健壮，横向生长，叶片大小适中，叶色正常，花蕾肥大，脱落少，田间呈"下封上不封，中间一条缝"。旺长棉苗长相：棉株高大，果枝和果节间距长，叶片大，下部蕾铃落空，田间荫蔽，贪青晚熟。滞长苗长相：株矮，叶小，不能封行，早衰。

（三）全程化调塑造理想株型

植物生长调节剂在棉花生产上应用已经 30 多年，化调的效果和作用早被广大棉农认可，施用技术也得到了全面普及。目前的问题是，由于棉花种植密度过稀，为了快搭丰产棉架，植物生长调节剂应用时间迟，量不足，施用方法欠妥。结果是前期不调，中期旺长难控。植物生产调节剂的施用最有效的办法是"少量多次，前轻后重"。每亩缩节胺使用量 10 克左右，高产棉田 15 克左右。

1. 苗期化调

子叶平展真叶穿心时，每亩大田所需苗床（15 平方米左右）用壮苗素一支（5 毫升）兑水 2 千克喷雾（水喷完），或用缩节胺 10ppm（0.1 克缩节胺兑水 10 千克）或用含量 25%的助壮素 1~1.5 毫升兑水 15 千克喷雾（喷湿为止，剩下的药液可视苗情隔 5 天左右再喷一次），防止高脚线苗，可起到搬钵蹲苗的效果。大田棉苗现蕾前化调以促弱苗生长为主，正常生长的棉苗可以不进行化调。弱小苗或受灾苗用4000~5000倍802液加0.2%的尿素喷施棉苗，或移栽时用4000~6000倍的802液灌蔸，促棉苗快长新根，升级转化。

2. 蕾铃期化调

通常情况下蕾期和花铃期的化学调节以控为主，目的是延缓地上部分茎、枝叶营养生长，促进根系生长，使主茎和果枝节间变短，加快花芽分化，促进棉花多现蕾，长大蕾，防止棉花旺长造成蕾铃大量脱落。当棉花7~8片真叶，棉苗生长偏旺时，每亩用缩节胺1~1.2克兑水25千克进行叶片喷雾，随后，每隔10~15天，采取前轻后重，少量多次的原则，看苗、看天、看地进行化调。即苗小长势偏弱要减少用量，苗大长势偏旺要加大用量；天气干旱要减少用量，降雨偏多要增加用量；地力弱施肥少要减少用量，地力肥或施肥多且墒情好要增加用量。打顶一周后，用4~6克缩节胺兑水40~50千克喷施中、上部叶片和果枝顶端，以防止上部果枝甩长辫子，控制无效花蕾，抑制赘芽生长，减少棉田荫蔽。

在遇干旱或渍涝灾害棉花生长严重受阻时，结合水肥管理，化学调节以促为主，用3000~4000倍802液加0.2%尿素喷施棉苗2~3次，待棉苗生长达到正常水平时，视苗情改用缩节胺化调。

二、如何防止棉花早衰

（一）早衰的概念、类型、形态特征

棉花早衰是指由于自身或外部原因导致棉株在有效的生育季节内局部或整体提前终止生命活动，影响棉花产量和品质形成的现象。

棉花早衰可分为生理性早衰（包括早发早衰型、多铃早衰型、弱长早衰型和徒长早衰型）、病理性早衰（病害早衰型、虫害早衰型）、其他（品种、气候灾害、肥药危害等）。也可根据外部表现分为早发型、猝死型、多铃型、病变型四种类型。也有根据外部形态和生理表现，将早衰棉花的叶片分为黄化型、红化型和青枯型三种类型。

棉花早衰多发生在8月下旬至9月上旬，有的棉田7月下旬已经露头。棉花早衰最明显的症状就是"未老先衰"。即处于开花结铃盛期的棉株，其叶色褪绿变黄，继而变褐枯萎，最后自动脱落，严重时脱落成光秆，红茎比例达90%以上，生长点变尖，向心运动停滞；7月中旬红花到顶，不再延伸新的果枝，果枝层数比正常棉株少2~4层，并且蕾、铃脱落严重，上部空果枝多，提前吐絮；根浅根少，吸收肥水能力大大下降，最后衰竭；棉

桃小，衣指低，品质变劣，种子的成熟度差，后期棉铃不能正常吐絮。据多年多点调查早衰棉田的果枝层数比正常棉田少 9.5%~28.6%，空枝数平均多 0.4 层，总结铃数比正常棉田少 15.2%~42.1% 左右，蕾铃脱落率比正常棉田高 6.4%~17.7%，衣指比正常棉田低 3.2%~6.4%，棉花品质降低 1 级左右，绒长缩短 2~3 毫米，种子的成熟度差。

（二）棉花早衰的原因

1. 移栽棉生育特性是棉花早衰的内在因素

移栽棉自身的生育特性决定了其容易早衰。一是移栽棉的生育特点在于大田的营养生长期较短，开花结铃期长，伏前桃、伏桃多，棉株负担重，养分消耗多，若肥水供应不及时，不充足，易脱肥脱水早衰；二是移栽棉的碳素代谢前期强、后期弱（7 月 14 日后下降快），是前期早发和后期早衰的生理基础；三是移栽棉由于移栽时主根被拉断，侧根多，分布浅，后期根系衰减加快而导致棉花早衰。

2. 品种特性是决定早衰轻重的物质因素

早衰的发生和程度，就品种而言不是绝对的。品种的抗逆性和适应性均有差异，不同品种均可能发生早衰，易早衰品种只要培管措施得当，也可能不发生早衰。生产实践中，各棉花品种在同等气候、环境条件下，表现出程度不同的早衰现象，其中鄂杂棉系列表现较好、适应性较强。一般早熟品种、结铃性强的品种在前中期结铃集中，由于生理负荷过重，易早衰；叶片茸毛较多品种受棉盲蝽等危害较重，相对于"光滑叶"品种容易早衰；非抗虫棉比抗虫棉、多抗棉品种容易早衰。

3. 灾害性气候是早衰发生不可抗拒的自然因素

干旱是诱发早衰最大的气候因素，干旱时间越长早衰越严重。一般旱情较重年份，一定伴随棉花严重早衰，减产幅度较大。花铃期 35℃ 左右高温持续时间长，对棉花生育危害极大，棉花大量落叶甚至垮秆，易早衰。花铃期，特别 8 月中下旬降雨偏多年份，棉花也易早衰。

4. 土壤类型是决定早衰的基础因素

棉花早衰与土壤类型有关，含沙比例高的沙土棉田早衰出现早且重；其次是壤土和沙壤土，以偏重壤土和油沙土表现最轻；土壤有机质含量决定着棉花早衰出现的时间和轻重程度，有机质含量低的棉田早衰出现早，程度重，棉田有机质含量较高的田块基本不出现早衰现象；地势低，排水不良田块，造成土壤的通透性大为降低，影响棉花根系正常发育，根系分布较浅，吸收能力减弱，易造成早衰。

5. 栽培措施不当是早衰发生的主导原因

不合理的种植制度是早衰发生的潜在因素，长期连作是棉花早衰的重要原因。由于连作导致棉田土壤病菌累计增加，病害发生严重，极易致衰。地膜棉根系浅，棉花吸收表层土壤养分较多，影响后期养分吸收，易早衰。播期过早或早发棉田，易早衰。免耕导致农田管理质量下降，机械化耕作耕层浅，棉花根系浅，影响养分吸收，易早衰。

6. 病虫危害是棉花早衰的外来因素

病虫危害会破坏棉花正常的新陈代谢和生育进程，消耗棉花体内的营养物质，使棉花生长发育受到抑制，导致蕾铃脱落。尤其是枯萎病、黄萎病导致早衰的比例最高，最严重，特别是在降雨多、雨量大的情况下，此病害突发蔓延，直接导致爆发性早衰；在棉花中后期受到斜纹夜蛾或烟粉虱的危害，能造成棉花叶片功能衰弱，从而使棉花早衰。

7. 干旱缺水是棉花早衰的生理因素

高温干旱，棉花生长中后期无水灌溉的棉田，棉株叶片过氧化作用加强，多种酶活性降低，叶绿素降解加快，从而加速叶片的衰老。干旱缺水影响棉花对养分的吸收，一般连续干旱 15 天左右，棉花自身新陈代谢趋于衰竭，加速早衰。

8. 缺肥或氮磷钾比例失调是棉花早衰的营养特性因素

棉花进入开花结铃期，其生殖生长和营养生长均进入高峰期，如果前期施肥量不足，又不能及时足量施用花铃肥，即导致营养生长和生殖生长矛盾加剧，造成早衰。

（三）棉花早衰预防措施

1. 根据移栽棉根系生长特性，采取对应防衰措施

"人老从腿，棉衰从根"。早衰发生是棉株根部步入衰退的征兆，要解决棉花早衰问题，促根生长是根本措施。

一是防止早衰要从蕾期做起。深施蕾肥，当棉株具有 3~5 个果枝时，开沟施肥，有机肥与化肥相结合。棉株长势弱、不平衡的棉田加施 4~6 千克尿素促进平衡生长，结合中耕松土，除草，搞好起垄培蔸，合理化调，协调生育；长势旺的棉田，8 片真叶时每亩用缩节胺 1 克，14 片真叶时每亩用缩节胺 2.克兑水 15 千克叶面喷雾；长势弱的棉田用 4000 倍至 6000 倍 802 液加入 1% 尿素喷雾。

二是花铃期满足棉根肥水供应是防止早衰的重点。重施花铃肥，见花施用，棉行中间开沟埋施或棉株中间打洞穴施；适时打顶，当棉株果枝 18~22 层左右时打顶，时间以 8 月 10 日前为宜；做到"枝到不等时、时到不等枝"，提倡打小顶，摘掉 1 叶 1 心；打顶前后

重控以抑制赘芽和无效蕾的发生，控制顶部果枝伸得过长造成中下部荫蔽。普施补桃肥：8月上旬亩施尿素10千克，点施深施。抗旱：连续7~10天未下透雨，棉株根系密集在表层土壤，手捏勉强成团，手触即散；棉株顶部3~4片叶上午10时左右出现萎蔫，失去向阳性，叶色变为暗绿，叶片变厚，花位迅速上升时应及时灌溉，提倡早晚小水沟灌，灌后及时松土保墒。

三是后期养根保叶壮桃防早衰。8月中旬至9月上旬，结合治虫在药液中加1.0%的尿素、0.2%的磷酸二氢钾进行叶面喷施2~3次。

2. 完善棉田排灌设施，预防气候灾害引起的早衰

旱能灌，涝能排，是预防因干旱缺水、渍涝引起棉花早衰的有效保证。建立排灌自如的棉田基础设施，预防棉花早衰。

3. 选用抗病虫品种，水旱轮作预防早衰

选用抗病虫品种，减轻棉花因病虫害引起早衰，对于重病田实行水旱轮作，淹水造成无氧发酵条件，能使病菌窒息死亡或被其他生物分解，可有效防病防衰。

4. 增施有机肥，建设高产防衰棉田

棉花是深根作物，生育期长，需水需肥多，"土是根、水是命、肥是劲"，水和肥都要通过土壤起作用。棉田套种绿肥和秸秆还田，增施有机肥和钾肥，均可提高棉花根标微生物群的增殖率，改善土壤微生物的生态条件，改良土壤理化性状，有效防止棉花早衰。

5. 综合防治病虫防早衰

搞好棉花虫害的预测预报和综合防治，特别是烟粉虱和斜纹夜蛾等害虫的虫量或卵量达到防治标准时，采取高效低毒低残留化学农药、生物农药以及捕捉、诱杀（频振灯）等方式进行防治；对有枯、黄萎病的棉田，在进行彻底化学防治的同时，做好清沟排渍降湿及病株的处理防早衰。

第二节　棉花病虫草害的诊断与防治

一、棉花病害的诊断与防治

（一）苗病的症状识别

立枯病：立枯病多在表土附近的棉苗基部发病，先产生褐色病斑，后扩大包围茎基，

病部常干缩变细，以致倒伏枯死。子叶发病，多在中部形成不规则的病斑，病部常破裂穿孔。

炭疽病：炭疽病亦是在棉苗基部发病。但病轻时见红褐色条斑或梭形病斑，略凹陷，有时病部失水纵裂；病重时病部变黑腐烂而死苗。子叶上发病，多在边缘形成半圆形黄褐色病斑，病部易干枯破裂。

红腐病：红腐病主要在棉苗根部发病，先在根尖呈黄褐色至褐色，后扩展到全根呈褐色腐烂。近土面的幼茎病部往往变粗。子叶及真叶发病，多从边缘开始，形成不规则的暗褐色病斑，湿度大时呈黑褐色或墨绿色。

疫病：疫病主要危害子叶，初期子叶呈失水状，叶色变淡，病、健部界限明显，后期呈青褐色至黑色。湿度大时，子叶呈水渍状，部分或全部凋萎，导致僵苗迟发或死苗。

发生危害：棉花苗期病害，是在播种出苗后遇到寒潮侵袭，阴雨天多，尤在棉田低洼积水处，由于棉苗生长势弱，存在于土壤、枯枝落叶及种子上的立枯、炭疽、红腐、疫病等病菌的侵染而发病。引起烂种、烂芽、根腐、茎基腐及子叶和真叶的叶斑和叶枯，常造成棉田缺苗断垄，甚至翻耕重播。

（二）苗病的防治方法

由于棉苗病害种类多，又常复合危害，因此必须采取综合防治。

①药剂拌种以防治根、茎基腐的病害，常用药剂有：种衣剂、40%拌种灵、50%多菌灵等的可湿性粉剂。使用浓度一般为0.5%，即50千克棉籽用0.25千克药。

②为保护子叶和真叶免遭叶斑类苗病危害，可在棉苗子叶平展后，抢晴及时喷施半量式波尔多液，即硫酸铜0.5份：石灰0.5份：水100份，现配现用，再过7~10天可喷施0.3%的多菌灵可湿性粉剂药液，并兑加0.3%的磷酸二氢钾液防病壮苗。

③加强苗床和田间管理。选用无病土做营养钵，不施用高氮肥料及未腐熟的厩肥，棉田要平整，做好清沟排渍，降低田间湿度。

（三）棉花枯萎病

1. 症状识别

枯萎病在子叶期即可发病。子叶或真叶的叶脉局部变黄，呈黄色网纹状及变色焦枯并脱落，严重时死苗。成株期受害棉株一般节间缩短，株型矮小，叶片黄色网纹；有的叶脉不变色，全株萎蔫下垂，或半边叶片枯黄。病株表现的症状虽然不同，但只要将棉秆茎部斜着切断，其维管束可看到许多深褐色斑点。

2. 发生危害

带病种子、残株病叶及病田的土壤，是传染枯萎病的主要病源。雨水多的年份和低洼积水的地块容易发病。在棉花现蕾前后的 5~6 月发病最多。

3. 防治方法

①加强检疫，严禁病区种子调进无病区。

②对零星发病的病区，实行稻棉轮作，种三年水稻后种棉花效果良好。

③对发病严重的地块应种抗病品种。

④采用无病土育苗移栽。

⑤带病种子要种子处理。即用 40% 多菌灵胶悬剂 0.8 千克，加水 49.6 千克，浸泡棉籽 10 千克，在常温下冷浸 14 小时后阴干播种。

（四）棉花黄萎病

1. 症状识别

黄萎病在大田苗期一般很少发病，成株期发病也比枯萎病迟，病株一般不矮缩。病症由棉株下中部向上蔓延，叶脉不变黄，叶缘与叶片主脉间有不规则的黄色斑块，病斑由黄变为枯褐色，严重时主脉周围保持绿色，其余均为黄褐色，形如花西瓜皮状。在棉花开花结铃期间，有时大雨后，叶片主脉间产生水渍状褪绿斑块，甚至叶片萎蔫下垂或部分脱落。剖开茎基部，可见维管束变色环斑，但比枯萎病变色较浅。

2. 发生危害

黄萎病也是由病种子、残株病叶及病地的土壤传病的。一般现蕾后开始发病，开花结铃期的 6~7 月发病最重。在多雨高湿气温在 24~27℃ 的条件下容易发病；旬均温超过 28℃ 时病害隐症。

3. 防治方法

与枯萎病相同。

（五）棉花凋枯病

1. 症状识别

这种病的特点是从棉株的主茎和分枝的顶端发病，逐渐自上而下、由外向内发展。发病初期，叶片边缘稍带黄色，叶脉仍保持绿色，以后叶质变厚，边缘皱缩下卷，叶色由黄色转为紫红色，最后变褐焦枯。严重时，整株叶片脱落，成为光秆。

2. 发生危害

这种病属生理病害，一般耕作层浅，土壤缺有机质和钾肥，容易发病。在盛花期至吐絮期，长期干旱后突下暴雨，或连续阴雨，则发病严重。

3. 防治方法

①施足底肥，增施磷、钾肥。对弱发病的植株，可用清水粪灌蔸、沟施草木灰和中耕松土，同时用2%的过磷酸钙根外喷雾，进行抢救。

②干旱时，及时进行湿润灌溉，特别是漏沙土、易发病的棉田，要加强肥水管理，提高抗病力。秋雨多时，做好棉田后期排水工作。

③历年发病重的地块，在冬播时深耕，挑塘泥，增施厩肥和磷、钾肥，改良土壤理化性状。

（六）棉花铃期病害

1. 症状识别

炭疽病：病铃症状初生暗红色小点，逐渐扩大后呈暗绿褐色，表面皱缩略下陷，湿度大时表面生橘红色黏状物。

黑果病：病铃壳上密生小黑点及许多烟煤状物，僵硬而不开裂，棉絮亦变硬变黑。

红腐病：病斑多从铃尖、铃壳裂缝或铃基部发生，绿黑色，水渍状，常扩及全铃，病部表面生粉白色至粉红色霉层。

疫病：发生于棉铃基部及尖端，病斑初期呈暗绿色，水渍状，迅速扩展后呈黄褐色至青褐色，并可深入铃壳内部使呈青色。病铃表面生白色至黄白色的霉。

2. 发生危害

每年8~9月间，如遇长期阴雨，株间荫蔽，湿度增高，以及棉铃被蛀食性害虫危害造成伤口，常遭炭疽、黑果、红腐、疫病等病菌的侵染，以致大量烂铃，影响棉花的产量和质量。

3. 防治方法

①加强整枝管理，打空枝，去老枝，增强株间透光。雨后勤中耕，清沟排渍，降低田间湿度。

②及时打药治虫，防治青铃被虫蛀食而发病。

③棉铃开始霉烂时，及时摘回剥取棉絮，减少田间病源。

二、棉花虫害的诊断与防治

（一）棉铃虫

1. 形态特征

棉铃虫属鳞翅目，夜蛾科。成虫体长 15~20 毫米，翅展 31~40 毫米，前翅赭褐或赭绿色，内横线、中横线、外横线波浪形，外横线外侧有深灰色宽带，肾形纹和环形纹暗褐色，中横线由肾形纹的下方斜伸到后缘，其末端到达环形纹的正下方。后翅灰白色，沿外缘有黑褐色宽带，在宽带中央有 2 个相连的白斑。卵呈馒头形，中部通常有 26~29 条直达卵底部的纵隆纹。卵初产时乳白色，将孵时有紫色斑。老熟幼虫体长 40~50 毫米，头黄褐色，背线明显，各腹节背面具毛突。幼虫体色变异很大，可分四种类型：一体色淡红，背线、亚背线褐色，气门线白色，毛突黑色；二体色黄白，背线、亚背线淡绿色，气门线白色，毛突黄白色；三体色淡绿，背线、亚背线不明显，气门线白色，毛突淡绿色；四体色深褐，背线、亚背线不太明显，气门线淡黄色，上方有一褐色纵带。蛹为被蛹，纺锤形。

2. 生活习性

棉铃虫每年发生 5~6 代。第 1 代多在番茄、豌豆等作物上危害。第 2 代开始进入棉田。第 2 代成虫盛发期在 6 月上、中旬，第 3 代在 7 月上、中旬，第 4 代在 8 月上旬，第 5 代在 8 月下旬至 9 月上、中旬。其中以第 3 代和第 4 代危害棉花最重，特别是第 4 代发生量大，常造成损失，是全年危害最严重的世代。第 5 代以棉田外的寄主为主，如棉花迟衰，则仍能危害棉花。

棉铃虫成虫白天栖息在叶背或荫蔽处，黄昏开始活动，吸取植物花蜜作补充营养，飞翔力强，有趋光性，产卵时有强烈的趋嫩性。卵散产在棉花嫩叶、果柄等处，每只雌虫一般产卵 900 多粒，最多可达 5000 余粒。初孵幼虫当天栖息在叶背不食不动，第 2 天转移到顶尖生长点，但危害不明显。第 3 天开始蛀食花朵、嫩枝、嫩蕾、果实。幼虫有转株危害习性，每只幼虫可钻蛀 3~5 个果实。4 龄以后进入暴食阶段。老熟幼虫在寄主根际附近 5~15 厘米深处作土室化蛹越冬。

3. 防治方法

①在棉铃虫发生严重的地段，进行冬耕、冬灌，消灭越冬蛹，以压低第 1 代发生量。

②黑光灯诱杀成虫。

③加强测报，掌握各代卵盛孵期，选用 1% 甲维盐乳油 2000 倍液、40% 丙溴磷乳油

1000 倍液、2.5%功夫菊酯乳油 1000 倍，或 20%氟铃脲 500 倍液等进行重点防治。

④保护和利用天敌。利用中华草蛉、广赤眼蜂、小花蝽等自然天敌，控制其危害。如用赤眼蜂防治，一般在棉铃虫产卵始、盛期连续放蜂 2~3 次，每次每亩放 1.5 万~2 万只。亦可用每克含活孢子 160 亿的 Bt 乳剂 250~300 倍液，或棉铃虫核型多角体病毒喷雾施用。

（二）斜纹夜蛾

1. 形态特征

斜纹夜蛾属鳞翅目，夜蛾科。成虫体长 14~20 毫米，翅展 33~42 毫米。全体暗褐色，前翅灰褐色，内横线和外横线灰白色，呈波浪形，有白色条纹，环状纹不明显，肾状纹前部呈白色，后部呈黑色，环状纹和肾状纹之间有 3 条白线组成明显的较宽的斜纹，自翅基部向外缘还有 1 条白纹。后翅白色。卵半球形，集结成 3~4 层卵块，外覆黄色绒毛。老熟幼虫体长 36~48 毫米，黄绿至墨绿或黑色，从中胸至第 9 腹节亚背线内侧，各有近似半月形或三角形黑斑一对。其中以第 1、7、8 腹节的黑斑最大。蛹为被蛹，体长 18~23 毫米，赤褐色至暗褐色。

2. 生活习性

斜纹夜蛾在广东、福建、台湾等地区，终年均可发生，无越冬现象，但在湖北棉区，其是否存在越冬及越冬方式尚不清楚。在该地区，斜纹夜蛾以 7~10 月危害最严重。成虫日伏夜出，黄昏后开始飞翔，多在开花植物上取食花蜜补充营养，然后才能交尾产卵。通常每头雌蛾可产卵 500 粒左右，最多可达 2000~3000 粒，产卵呈块状，表面有毛。初孵幼虫群集在卵块附近取食寄主叶片表皮成筛网状，不怕光，稍遇惊扰就四处爬散或吐丝飘散。2 龄后开始分散危害，4 龄后进入暴食期，常将寄主叶片吃光，仅留主脉，可致叶菜失收。幼虫畏光，晴天躲在阴暗处或土缝里，傍晚出来取食，至黎明又躲起来。老熟幼虫入土化蛹。

3. 防治方法

①人工摘除卵块。在各代盛卵期勤检查，一旦发现卵块和新筛网状被害叶，即摘除并销毁。

②诱杀成虫。利用成虫趋光性和趋化性，可用黑光灯、糖醋液（糖：酒：醋：水 = 6：1：3：10），甘薯或豆饼发酵液诱杀成虫，糖醋液中可加少许敌百虫。

③药剂防治。必须强调在幼虫低龄期用药，扑灭在暴食期之前。由于幼虫白天不出来活动，故喷药宜在傍晚进行。常用药剂有：1%甲氨基阿维菌素苯甲酸盐乳油 1500 倍液或

50%敌敌畏乳油 800~1000 倍液；20%杀灭菊酯乳油 1500~2000 倍液；20%虫酰肼悬浮剂 500~1000 倍液，5%抑太保或 5%农梦特、5%卡死克乳油 2000 倍液。

（三）棉红铃虫

1. 形态特征

成虫棕褐色，体长 6.5 毫米，触角细长，前翅桃叶形，有 4 条不规则深褐色横带，并散生黑色斑。成熟幼虫 11~13 毫米。头部棕褐色，体背桃红色。卵椭圆，初产时乳白色。蛹纺锤形，棕色。

2. 生活习性

棉红铃虫一般发生 3 代，以老熟幼虫结茧在棉花仓库（占 80%）棉籽里（占 15%）和枯铃里（占 5%）越冬。翌年 5 月下旬到 6 月中旬化蛹并羽化，第 1 代成虫产卵盛期在 7 月下旬。第 1 代的卵产在棉株嫩头及幼枝上，第 2 代的卵多产在萼片和铃壳之间。成虫趋光性强，昼伏夜出。棉红铃虫喜高温高湿，适宜各虫态发育的温度为 25~32℃，相对湿度为 80%~100%，低于 20℃和高于 35℃卵不能孵化，相对湿度 60%以下成虫不产卵。冬季月平均气温低于 4.8℃时，棉红铃虫就不能越冬而被冻死。

3. 防治方法

①北部棉区在室外囤棉，利用冬季低温冻死越冬幼虫；中南部棉区可用越冬时节的仓库防治、低温防治与田间防治相结合控制危害。

②成虫羽化期，在棉仓内喷 80%敌敌畏 100 倍液，熏蒸 4 天。

③4 月在仓库内每 100 千克籽棉释放 2000 头金小蜂。

④成虫盛发期在田间设置黑光灯或棉红铃虫性诱剂诱杀成虫，或设置性诱剂迷向干扰交配。

⑤卵孵化盛期用 25%赛宝乳油 2000 倍液，2.5%功夫菊酯 2000 倍液，或 2.5%敌杀死 2500 倍液均匀喷雾。

（四）棉红蜘蛛（棉叶螨）

1. 形态特征

成螨体长 0.3~0.5 毫米，椭圆形、体色多变，有绿黄、橙、红等色，有 4 对足。幼螨有 3 对足。

2. 生活习性

5 月中旬至 5 月下旬为零星发生期，数量较少；6 月上旬，数量受降水的抑制；6 月中旬至 7 月上旬，为中发生期；7 月中旬至 8 月中旬，为高峰期，螨量最大；8 月下旬为下降期。南方棉区 5~8 月月平均雨量 100 毫米以下，则发生重，高温干旱则大发生。连作套种的地块发生重，长势差的棉田发生重，渠沟、路边等地块发生重。

3. 防治方法

①农业防治：棉叶螨越冬前清除棉田杂草。冬闲时冬翻冬灌。棉苗出土之前，及时铲除田间杂草，上有少数叶螨时用手抹掉，叶螨多时则将该叶片摘下带出田外沤肥。

②化学防治：采用 20% 哒螨灵可湿性粉剂 1000~1500 倍液、2.5% 天王星 1000 倍液、20% 速螨 4000 倍液、1.87 阿维菌素 EC2000~3000 倍液喷雾，这些药剂对棉花叶螨均有良好的防效。

（五）棉蚜

1. 形态特征

无翅胎生雌蚜体长 1.5~1.9 毫米，夏季黄绿色，春秋季深绿色，全身蜡粉。有翅胎生雌蚜体长 1.2~1.9 毫米，头胸部为黑色，有 2 对透明翅。

2. 生活习性

棉蚜的卵在木槿、花椒、石榴等枝条上或杂草根部越冬，3 月孵化，在越冬寄主上繁殖 3~4 代，到 4 月下旬有翅蚜迁入棉田繁殖危害。一年繁殖 20~30 代，5 月下旬到 6 月上旬是苗期蚜害高峰，7 月中旬到 8 月上旬，可形成伏蚜猖獗危害。秋季棉株衰老时，迁飞至越冬寄主上，雄、雌蚜交配后在芽腋处产卵越冬。

3. 防治方法

棉株在三叶期卷叶株率达 15%~20%、三叶期后卷叶株率达 40% 时，可用 10% 吡虫啉粉剂 5000 倍液，好年冬乳油 2000 倍液，50% 久效磷乳油 1500 倍液，或 27.5% 毙蚜丁 1500 倍液均匀喷雾。在蚜虫点片零星发生时进行针对性的地点片挑治，尽量避免全田覆盖式的全面喷洒。

三、棉花草害的诊断与防治

（一）棉田杂草化学防治的目标

由于棉区类型多，耕作制度复杂，不同地区棉田的杂草优势种和群落构成有很大差异，但棉田杂草化学防治的目标要保证以下几点：①在有较好化学除草基础的棉区，所选用的除草剂应一次施药同时能有效防治单、双子叶两类杂草；在化学除草基础薄弱的棉区应重点防治单子叶杂草，兼除部分双子叶杂草。②所选用的除草剂品种一定要对棉花安全，避免直接药害、间接药害和隐性药害的产生。③施药方法目前以土壤处理封闭除草为主，苗后施药的除草剂要有较高的选择性，对杂草要有较强的灭生性。④除草剂的田间持效期，在营养钵育苗的苗床和地膜覆盖棉田从盖膜后维持到杂草基本出齐。在直播棉田和移栽棉田维持到蕾花期，若能维持到棉花封行时，那么一次施药便可保证棉花整个生育期不受杂草危害，达到理想的除草效果。棉田杂草的化学防除应根据棉花的栽培方式和施药时期不同而采用不同的方法。

（二）营养钵育苗苗床杂草的化学防除

由于苗床是选用肥沃的表层土育苗，因此杂草种子含量高，加之苗床地膜覆盖后，造成高温高湿的环境条件，杂草出土早而集中，这就要保证在播种后立即施药。由于棉花育苗时我国大部分地区的气温还不十分稳定，忽高忽低，棉苗被冻害的现象时有发生，选择性不强的除草剂往往加重对棉苗的伤害，加之苗床播种时盖土较浅，药剂层离棉种很近，所以选择性差、挥发性大和水溶性大的土壤处理剂不宜使用，而以都尔、禾耐斯、氟乐灵和伏草隆等对棉苗比较安全。

苗床化学除草一定要以苗床实际面积计算用药量，要分床配药、分床使用，千万不要一次配药多床使用，以免造成苗床因用药量不均匀而造成药害。

（三）地膜覆盖直播棉田杂草的化学防除

由于地膜的增温保墒作用，膜下杂草出土早而集中，出草高峰期比露地直播棉田早 10 天左右，出草结束期比露地棉田早 50 天左右。若不施药防治，杂草往往还能顶破地膜旺盛生长，危害更大。因此，地膜覆盖栽培必须与化学除草相结合。由于膜内的高温高湿条件有利于除草剂药效的充分发挥，因此除草剂的使用剂量可比露地直播棉田适当减少 30%

左右。由于膜内杂草的种类和数量与露地棉田相同,这就要求选用除草剂的杀草谱要广,而田间持效期则不必很长。

适用于地膜覆盖棉田使用的广谱除草剂有禾耐斯、氟乐灵、拉索、伏草隆、扑草净、敌草隆、恶草灵等。还可用都尔、乙草胺等与杀阔叶杂草的除草剂混合使用。

(四) 露地直播棉田和移栽棉田杂草的化学防除

从播种到 7 月中下旬棉花封行前的较长时间内,一直会有杂草发生,播种期施用的除草剂可控制第一次出草高峰和 6 月上中旬以前发生的杂草,以后可结合中耕除草或实施第二次化学除草,以控制 6 月中旬到 7 月初第二个出草高峰发生的杂草。

1. 播前、播后苗前或移栽前后土壤处理

①以禾本科杂草为主的棉田,可用乙草胺、都尔、禾耐斯等除草剂处理。

②在禾本科杂草和阔叶杂草混生的棉田,可用果尔、绿麦隆、伏草隆、农思它、利谷隆等除草剂。

③在香附子和扁秆蔗草等多年生莎草科杂草严重发生的棉田可用莎扑隆防除。

2. 苗后茎叶处理

①棉花出苗后,以禾本科杂草为主的棉田,可用威霸、精稳杀得、禾草克、高效盖草能、拿捕净或收乐通等做茎叶处理。

②以阔叶杂草为主的棉田可用虎威、杂草焚或克阔乐做叶面处理。

③棉花成株后期,若禾本科杂草、阔叶杂草和莎草混合发生,特别是多年生禾本科杂草、阔叶杂草和莎草科杂草危害较重时,可用草甘膦或克芜踪等灭生性除草剂做定向喷雾。

(五) 麦棉套作直播或移栽棉田杂草的化学防除

麦棉套种,棉花在 4 月下旬至 5 月中旬播种或移栽。麦棉套作田,棉垄的出草规律同露地直播棉田,而麦垄在 5 月底至 6 月初小麦收获后,随着雨季的来临,杂草大量萌发。因此,麦棉套作棉田一般应进行两次化学除草,第一次是在棉花播种或移栽幅上,于播后苗前或移栽前后施药,第二次在麦收灭茬整地后进行全田施药,且时间应赶在雨季到来之前,如果棉花播种或移栽幅上杂草很少,也可只在灭过茬的麦作幅上施药。

在麦棉套种棉田防除杂草,一定要注意选用对棉花和小麦都安全的除草剂,如禾耐斯、都尔、绿麦隆、扑草净、氟乐灵、拉索等,用药量按棉花播种行的实际喷药面积计算。以后可结合中耕除草，或用茎叶处理剂除草，如威霸、收乐通、精稳杀得、精禾草克、高效盖草能、拿捕净、克阔乐、草甘膦、克芜踪等。用药量和施药方法参照露地直播和移栽棉田杂草的化学防除。

（六）麦（油）后移栽或直播棉田杂草的化学防除

在长江流域棉区，麦（油）后移栽或直播棉田于5月中下旬至6月初进行除草，这时的气温较高，雨水偏多，加上这时播栽的棉花密度大，行距小，生长快，封行早，这就使杂草出土时间比较短而集中。因此，这类棉田一般只须施药1~2次便可控制棉田杂草的危害。

在麦（油）收获灭茬、整地播种后出苗前或移栽前后，可用禾耐斯、乙草胺、都尔，氟乐灵、伏草隆、拉索等进行土壤处理。在棉花出苗后可用威霸、收乐通、稳杀得、拿捕净、禾草克、盖草能、克阔乐做茎叶处理，也可在棉花现蕾开花期或棉株封行前用草甘膦或克芜踪做定向喷雾处理。再生油菜苗可用棉田油净防除。

（七）除草剂药害的补救措施

1. 解毒剂的应用

在棉花使用除草剂产生药害以后，施用适当的解毒剂，对控制药害的发展、降低产量损失具有一定的作用。解毒剂有结合型、分解型、颉颃型和补偿型等多种类型，在使用时应根据除草剂的理化性质，以及产生有毒物质和造成伤害的过程及原理，正确选择与应用。例如，萘二甲酐可缓解克草胺对棉花造成的药害；吲哚乙酸和激动素可减轻氟乐灵对棉花次生根所产生的抑制作用；赤霉素可减轻二甲四氯、2，4-D等激素类除草剂对棉花造成的药害。

2. 加强棉田管理

棉花具有较强的自我调节、自我补偿能力，所以在发生药害以后，应加强田间管理，促进棉花生长的迅速转化，促进新的叶片以及蕾、花铃的生长，增加单株结铃和铃重，将药害所造成的损失降到最低。一般在棉花发生药害以后，应适当增施速效化肥，喷施一些植物生长促进剂或叶面肥，同时做好中耕松土、病虫防治等工作，以使棉花尽快恢复生长，减轻药害造成的损失。

第六章　玉米生产技术

第一节　玉米高产栽培技术

一、玉米的生长和发育

（一）玉米的一生

从播种到新种子成熟为止，称为玉米的一生。按形态特征、生育特点和生理特性，可分为三个不同的生育阶段，每个阶段又包括不同的生育时期。这些不同的阶段与时期既有各自的特点，又有密切的联系。

（二）玉米的生育阶段划分

1. 苗期（出苗—拔节）

从播种期至拔节期，包括种子发芽、出苗及幼苗生长等过程，此期玉米主要进行根茎叶的分化和生长，是营养生长阶段。

2. 穗期（拔节—抽雄）

从拔节期至雄穗开花期，此期是玉米营养器官生长与生殖器官发育并进的阶段，玉米根茎叶等营养器官旺盛生长并基本建成并完成雄穗和雌穗的分化发育。此期是玉米一生中生长发育最旺盛的阶段，也是田间管理最关键的时期。

3. 花粒期（抽雄—成熟）

玉米从抽雄至成熟这一段时间，称为花粒期阶段。这一阶段的主要生育特点，就是基本上停止营养体的增长，而进入以生殖生长为中心的时期，也就是经过开花、受精进入籽粒产量形成为中心的阶段。

（三）玉米的生育期

玉米从播种至成熟的天数，称为生育期。玉米生育期的长短与品种、播种期和温度等有关。早熟品种生育期短，晚熟品种生育期较长；播种期早的生育期长，播种期迟的生育期短；温度高的生育期短，温度低的生育期就长。我国栽培的玉米品种生育期一般在70~150天。

（四）玉米的生育时期

在玉米一生中，由于自身量变和质变的结果及环境变化的影响，不论外部形态特征还是内部生理特性，均发生不同的阶段性变化，这些阶段性变化，称为生育时期，如出苗、拔节、抽雄、开花、吐丝和成熟等。常用的生育时期如下：

①出苗期。幼苗出土高约2~3厘米，第1片真叶展开的日期。

②三叶期。植株第3片叶露出叶心3厘米。

③拔节期。茎基部节间开始伸长的日期。

④小喇叭口期。雌穗进入伸长期，雄穗进入小花分化期，叶龄指数46左右。

⑤大喇叭口期。雌穗进入小花分化期、雄穗进入四分体期，叶龄指数60左右，雄穗主轴中上部小穗长度达0.8厘米左右，棒三叶甩开呈喇叭口状。

⑥抽雄期。雄穗主轴从顶叶露出3~5厘米的日期。

⑦开花期。雄穗主轴小穗开始开花的日期。

⑧吐丝期。雌穗花丝从苞叶伸出2~3厘米的日期。

⑨籽粒形成期。植株果穗中部籽粒体积基本建成，胚乳呈清浆状，亦称灌浆期。

⑩乳熟期。植株果穗中部籽粒干重迅速增加并基本建成，胚乳呈乳状后至糊状。

⑪蜡熟期。植株果穗中部籽粒干重接近最大值，胚乳呈蜡状，用指甲可以划破。

⑫完熟期。植株籽粒干硬，籽粒基部出现黑色层，乳线消失，并呈现出品种固有的颜色和光泽。

一般大田或试验田，以全田50%以上植株进入该生育时期为标志。

二、玉米栽培条件及生理特点

（一）土壤条件

玉米对土壤要求不严，一般土壤均可生长。但要获得高产则要求：熟化土层深厚，一般应达到 20~40 厘米，土壤结构良好，比较疏松，通气性好，土壤容重为 1.0~1.2 克/立方厘米的砂壤土较好。耕层有机质和速效养分含量高，一般 500 千克/亩以上的产量要求有机质 1%~2%，全氮 0.06%~0.1%，速效氮 40~70 毫克/千克，速效磷 20~30 毫克/千克，速效钾 100~150 毫克/千克，pH 值范围为 5~8，以 6.5~7.0 最为适宜。土壤渗水、保水性能好。玉米在生长发育过程中，需要的营养元素很多，其中，N、K、P、S、Ca、Mg 六种元素，需要量最多，称为大量元素，Fe、Mn、Cu、Zn、B、Mo 等元素，需要量很少，称为微量元素。

1. 玉米各生育时期对 N、P、K 的吸收规律

（1）N、P、K 累积吸收量总趋势

玉米一生中植株内养分的含量逐渐增加。积累量拔节前为 1%~4%，小喇叭口期占 5%~8%，大喇叭口期 30%~35%，抽雄期 50%~60%，灌浆期 62%~65%，蜡熟期 100%。小喇叭口期以前吸收量较少，大喇叭口以后吸收量变大；抽雄以后吸收量还要占总量的 40%~50%。因此，在肥料使用上要重视中后期的施肥，以防脱肥早衰。

（2）吸收强度

玉米一生有两个肥料吸收高峰。第一个吸肥高峰在小喇叭口到抽雄期。第二个吸肥高峰出现在灌浆到蜡熟。就不同养分而言，氮、磷的吸收强度都是大喇叭口期最高，抽雄期次之，蜡熟较少；钾的吸收强度是抽雄最高，大喇叭口期次之，灌浆后较少。因此，高产玉米应注意在大口期之前施用穗肥，并在乳熟前施用粒肥，以满足由穗分化和籽粒形成的需要。

2. 玉米吸收 N、P、K 的数量与比例

玉米对 N、P、K 的吸收量，随产量的提高而增多，一般情况下，一生中吸收的养分以氮最多，钾次之，磷较少。

每生产 100 千克玉米籽粒，吸收 N、P、K 数量和比例，可作为计划产量推算需肥量的依据。中低产田增施 N、P 肥增产效果显著，一般不需要钾肥；高产田及缺钾地块施用钾肥增产效果明显。

玉米籽粒中积累的 N、P、K，有 60% 是由前期器官积累转移进来的，有 40% 是后期根系吸收提供的。因此，高产玉米后期必须保证养分的充分供给。玉米对氮素的需要量最多，吸收磷较氮和钾少。一般每生产 100 千克籽粒，需氮 2.2~4.2 千克、磷 0.5~1.5 千克、钾 1.5~4 千克，三要素的比例约为 3∶1∶2。

3. 施肥技术

（1）施肥原则

基肥为主，种肥、追肥为辅，有机为主，化肥为辅，P、K 肥早施、追肥分期施。注意肥料深施、肥水配合、以水调肥。

（2）施肥量

在一定范围内，玉米产量是随着施肥量的增加而提高的。在当前大面积生产上施肥量不足仍是限制玉米产量提高的重要因素。玉米由低产变高产，走高投入、高产出、高效益的路子是行之有效的。因此，计算玉米合理的施肥量，对指导玉米施肥意义重大。

$$肥料用量 = \frac{计划产量对某种养分需要量 - 土壤对某种养分的供应量}{肥料中某种养分含量 \times 肥料利用率(\%)} \qquad (6-1)$$

以上公式计算起来比较复杂，在生产上可以根据当地的特点，确定计算玉米施肥量的经验公式，如山东一些地方的生产经验表明，以玉米的需肥量作为玉米的化肥施用量是可行的。

（3）施肥技术

追肥时期、次数和数量，要根据玉米吸肥规律、产量水平、地力基础、施肥数量、基肥和种肥施用情况来考虑决定。玉米基肥占总肥量的 50% 左右为宜，一般基肥亩施有机肥1000~2000 千克，硫酸铵或硝酸铵 75~105 千克。为促进幼苗生长，可以使用少量种肥，一般亩施尿素 2~3 千克。追肥应分期施用，常分为苗肥、穗肥和粒肥。

①苗肥。定苗后至拔节期追施的肥，有促根、壮苗和促叶、壮秆的作用，为穗多、穗大打好基础。地肥、苗壮、少施、晚施。

②穗肥。小喇叭口至抽雄前追施，是促进穗大粒多的关键肥。

③粒肥。抽雄以后追施的肥料，一般在抽雄至开花期施用，可促粒多、粒重，是春玉米丰产的重要环节。对夏玉米来说，如前期施肥较多，后期玉米生长正常，可不施粒肥。

玉米对微量元素锌比较敏感。缺锌时，可用硫酸锌肥料拌种或浸种，拌种每 1 千克种子用 2~4 克，浸种多采用 0.2% 的浓度。

（二）需水规律及合理灌溉

1. 需水规律

玉米是需水较多的作物，除苗期抗旱外，自拔节到成熟都不得缺水。玉米一生耗水总量：春玉米每亩 170~400 立方米，夏玉米约 124~296 立方米。每生产 1 克干物质所消耗水的克数——蒸腾系数，一般在 240~368，每生产 1 千克籽粒耗水 600 千克左右。

苗期需水较少，穗期需水较多，灌浆需水达一生高峰，以后需水量又降低。但是苗期抗旱，适当干旱或蹲苗有增产作用，一般不需浇水；穗期虽需水较多，但因为其生殖器官保水能力较强，轻度干旱减产不明显；抽雄期前后需水强度最大，是需水临界期，缺水减产明显，特别是遇到"卡脖旱"减产最严重，故有"开花不灌，减产一半"之说。灌浆—成熟期，需水逐渐减少，但缺水会导致叶片早衰，影响灌浆，降低穗粒重，因此，后期不应过早停水。

2. 合理灌溉

玉米生长季正值雨季，在降水多且均匀的地区有时不需灌水，但多数情况下降雨少且分布不均，仍须灌水。

①播种期。灌水造墒，足墒下种，是保证苗全、苗壮的重要措施之一。春玉米冬灌贮水，夏玉米浇麦黄水或播后浇蒙头水。

②苗期。一般不浇水。但对麦田套种玉米，由于苗弱，若遇旱必须及时浇水。

③拔节水。玉米苗期植株较小，耐旱、怕涝，适宜的土壤水分为田间持水量的60%~65%之间，一般情况下可以不浇水。但玉米拔节后，植株生长旺盛，雄穗和雌穗开始分化，需水量增加。墒情不足时，浇小水。拔节水可缩短雌雄花出现间隔，利于授粉，减少小花退化，提高结实率。

④大喇叭口期。该期进入需水临界始期，此期干旱会导致小花大量退化，容易造成雌雄花期不育，遭遇"卡脖旱"。

⑤抽雄开花期。玉米抽雄开花期前后，叶面积大，温度高，蒸腾蒸发旺盛，是玉米一生中需水量最多、对水分最敏感的时期。此期为需水高峰，应保证充足水分。浇水一定要及时、灌足，不能等天靠雨，若发现叶片萎蔫再灌水就会减产。此时浇水，有利于受精、增加穗粒数，有明显的增产效果。

⑥灌浆期。从籽粒形成到乳熟末期仍需要较多的水分，干旱对产量的影响，仅次于抽雄期。此期，适宜的土壤含水量为田间持水量的70%~75%，低于70%就要灌水。保证有充足的水分，遇涝注意排水。

（三）对温度的要求

1. 播种—出苗期

玉米种子一般在6~7℃时，可开始发芽，但发芽极为缓慢，容易受到土壤中有害微生物的侵染而霉烂。到10~12℃时发芽较为适宜，25~35℃时发芽最快。为避免因过早播种引起烂种缺苗，一般在土壤表层 5~10 厘米温度稳定在 10~12℃ 时，作为春玉米播种的适宜时期。玉米出苗的快慢，在适宜的土壤水分和通气良好的情况下，主要受温度的影响较大。据研究，一般在 10~12℃ 时，播种后 18~20 天出苗；在 15~18℃，8~10 天出苗；在 20℃ 时 5~6 天就可以出苗。玉米苗期遇到 2~3℃ 的霜冻，幼苗就会受到伤害。日本学者佐藤认为，玉米幼穗形成前每出生一片叶需 65℃ 积温，幼穗形成后每出生一片叶需要 90℃ 积温。

2. 拔节期

春玉米出苗后，幼苗随着温度上升而逐渐生长。当日平均温度达到 18℃ 以上时，植株开始拔节，并以较快的速度生长。在一定范围内，温度越高生长越快。

3. 抽雄—开花期

玉米抽雄、开花期要求日平均温度达 26~27℃，此时是玉米一生中要求温度较高的时期。在温度高于 32~35℃、空气相对湿度接近 30% 的高温干燥气候条件下，花粉（含 60% 的水分）常因迅速失水而干枯，同时花丝也容易枯萎，常造成受精不完全，产生缺粒现象。

4. 籽粒形成—灌浆期

玉米籽粒形成和灌浆期间，仍然要求有较高的温度，以促进同化作用。在籽粒乳熟以后，要求温度逐渐降低，有利于营养物质向籽粒运转和积累。在籽粒灌浆、成熟这段时期，要求日平均温度保持在 20~24℃，如温度低于 16℃ 或超过 25℃，会影响淀粉酶的活动，使养分的运转和积累不能正常进行，造成结实不饱满。

玉米有时还发生"高温逼熟"现象，就是当玉米进入灌浆期后，遭受高温影响，营养物质运转和积累受到阻碍，籽粒迅速失水，未进入完熟期就被迫停止成熟，以致籽粒皱缩不饱满。千粒重降低，严重影响产量。玉米易受秋霜危害，大多数品种遇到 3℃ 的低温，即完全停止生长，影响成熟和产量。如遇到 -3℃ 的低温，果穗未充分成熟而含水又高的籽粒会丧失发芽力。这种籽粒不宜留作种用，贮存时也容易变坏。

（四）光照

玉米虽属短日照作物，但不典型，在长日照（18 小时）的情况下仍能开花结实。玉米是高光效的高产作物，要达到高产，就需要较多的光合产物，既要求光合强度高、光合面积大和光合时间长。生产实践证明，如果玉米种植密度过大，或阴天较多，即使玉米种在土壤肥沃和水分充足的土地上，由于株间荫蔽，阳光不足，体内有机养分缺乏，会使植株软弱，空秆率增加，严重地降低产量。据报道，国外有在田间设置阳光反射器，扩大光合面积，增强光合生产率，可以显著地提高产量。为此，在栽培技术上，解决通风透光获取较充足的光照，是保证玉米丰产的必要条件。

三、玉米传统高产栽培技术

（一）整地与播种

1. 整地

春玉米应在前茬作物收获后及时灭茬深耕，早春耙耢保墒。夏玉米由于季节紧迫，可在麦收后抢时、抢墒浅耕、灭茬；或铁茬播种后再中耕松土。

播种前的整地。要达到土壤细碎、平整，以利于出苗、保苗。若春干旱，可以只耙不耕翻，以保持土壤水分。在易受涝的地块，应结合整地，开好排水沟。

2. 播种

（1）选用优良杂交种

正确选用良种是高产的重要环节。要选用纯度高、紧凑型的高产杂交种，选种时要因地因时而异。

（2）精选种子

制种田生育期间和收获时进行去杂去劣，脱粒后精选种子，选大粒饱满的种子做种。对选过的种子还要做发芽试验，一般要求发芽率在90%以上。

（3）种子处理

在播种前为增加种子活力，提高发芽势和发芽率，减轻病虫害，常要进行以下种子处理：①晒种，土场上连续晒种2~3天；②浸种，冷水浸12小时，温水（55~57℃）浸6~10小时，土壤干旱时不易浸种，以免"回芽"；③药剂拌种，0.5%$CuSO_4$浸种可以减轻黑粉病的发生，50%辛硫磷乳油拌种防治地下害虫。

（4）春玉米播种技术

①播期，一般在5~10厘米地温稳定在10~12℃播种为宜。一般在4月中、下旬播种。夏玉米应抢时早播，这样不仅可以延长生育期，防止后期低温影响，还可以使苗期避开雨季，防止芽涝；②播种田间持水为70%，若墒情不足，应浇水造墒，足墒播种是全苗的关键；③播量，因种子大小、生活力、种植密度、种植方式和栽培目的而异。一般条播每亩4~5千克，点播2~3千克；④播深，5~6厘米，深浅一致。土壤黏重、墒情好时，应适

当浅些，4~5厘米，反之可深些，但不宜超过10厘米。

（二）种植密度与种植方式

1. 种植密度

决定密度的条件：一是品种特性（主要）、二是栽培条件（次要）。一般晚熟种、平展型品种，应适当稀些，反之则密些；地力较差，肥水条件差，应稀些，反之则密些。夏播较春播应密些。

2. 种植方式

在密度增大时，配合适当的种植方式，更能发挥密植的增产作用。

（1）等行距种植

一般60~73厘米，株距随密度而定。其特点是植株抽雄前，叶片、根系分布均匀，能充分利用养分和阳光；播种、定苗、中耕、除草和施肥技术等都便于田间操作。但在肥水足密度大时，在生育后期行间荫蔽、光照条件差，群体个体矛盾尖锐，影响产量提高。

（2）宽窄行种植

亦称大小垄，大行83~100厘米，窄行33~50厘米，株距根据密度确定。其特点是植株在田间分布不匀，生育前期对光能和地力利用较差，但能调节玉米后期个体与群体间的矛盾，在高密度高肥水条件下，由于大行加宽，有利于中后期通风透光。

（三）田间管理

1. 苗期管理

（1）查苗补苗

玉米出苗后应立即检查出苗情况，若发现缺苗严重或断垄，应进行补种或移栽。

①补种。在玉米刚出苗时，将种子浸泡8~12小时，捞出晾干后，抢时间补种。

②移栽。结合玉米第一次间苗，带土挖苗移栽。移栽越早越好，移栽苗应比原地苗多1~2片可见叶为宜。

不论补种或移栽，均要水分充足，在管理上可以追偏肥等，以减少小株率。实践证明，在缺苗不太严重的地块，可在缺苗四周留双株或多株补栽。

（2）适时间苗、定苗

玉米间苗要早，一般在3~4片可见叶时进行；定苗一般在5~6片可见叶进行。夏玉米苗期处在高温多雨季节，幼苗生长快，可在4片可见叶时一次定苗，以减少幼苗争光争肥矛盾。定苗时应做到"四去四留",即去弱苗、留壮苗,去大小苗、留齐苗,去病苗、留健苗,去混杂苗、留纯苗。

(3)中耕除草

一般苗期中耕2~3次,耕深5~10厘米。定苗到拔节,再中耕1~2次,耕深10厘米以上。套种玉米,小麦收获后应立即灭茬深中耕10~15厘米,夏直播玉米苗期正处于雨季,深中耕易蓄水过多,造成"芽涝",定苗后只易浅中耕5厘米。

(4)防治虫害

玉米苗期害虫主要有黏虫、蓟马、蚜虫等,若遇到虫害,应及时防治。

2. 穗期管理

(1)中耕培土

拔节时应进行深中耕,大喇叭口前后,结合追肥,适当浅培土,培土高度7~8厘米,大喇叭口期结束。中耕培土掩埋杂草、促进气生根发育、防止倒伏、利于排灌。

(2)拔除大口期前后拔除不能结果穗的小弱株。

(3)灌水追肥

大喇叭口期追施穗肥,并结合追肥浇水,以促进穗大粒多。

(4)防治玉米螟

用5%辛硫磷颗粒剂,每亩1.5~2.0千克,撒入叶心。

3. 花粒期管理

①人工去雄和辅助授粉。

②后期浅中耕,灌浆后浅中耕1~2次,可破除板结,通风增温,除草保墒。

③防治后期虫害有玉米螟、黏虫、蚜虫等。

④禁止打叶、削顶。

⑤适时收获。当苞叶干枯松散,籽粒变硬发亮,乳线消失,基部出现黑色层时,收获产量最高。但是夏玉米往往达不到成熟时就被迫收获,而影响产量。因此,在生产上若不影响正常种麦,玉米应尽量晚收。如果亟须腾茬,玉米尚未成熟的地块,亦可带穗收刨,收后丛簇,促其后熟,提高千粒重。

四、玉米高产栽培新技术

（一）玉米人工去雄和辅助授粉技术

1. 人工去雄

玉米去雄只要方法得当，一般均表现增产。因玉米在抽穗开花过程中，雄穗呼吸作用旺盛，消耗一定养分，去雄后节省养分、水分，可供雌穗发育，增加穗粒数，去雄还可以改善植株上部光照条件、降低株高、防止倒伏，同时，去雄有兼防玉米螟的效果。据试验，去雄可增产10%左右。农民反映说："玉米去了头，力量大无穷，不用花本钱，产量增一成。"

去雄虽然是一项增产措施，但如果操作不当，茎叶损失过多，还会造成减产，因此，去雄剪雄时要掌握以下几点：

第一，去雄要在雄穗刚露出顶叶尚未散粉时，用手抽拔掉。如果去雄过早，易拔掉叶子影响生长，过晚，雄穗已开花散粉，失去去雄意义。

第二，无论去雄或剪雄，都要防止损伤叶片，去掉的雄穗要带到田外，以防隐藏在雄穗中的玉米虫继续危害果穗和茎秆。

第三，去雄要根据天气和植株的长相灵活掌握。如果天气正常，植株生长整齐，去雄可采取隔行去雄或隔株去雄的方法，去雄株数一般不超过全田株数的1/2为宜，靠地边、地头的几行不要去雄，以免影响授粉。授粉结束后，可将雄穗全部剪掉。以增加群体光照和减轻病虫害。如果碰到高温干旱或阴雨连绵天气，或植株生长不整齐时，应少去雄或不去雄，只在散粉结束后，及时剪除大田全部雄穗。

第四，去雄要注意去小株，去弱株，以便使这些小弱株能提早吐丝授粉。

2. 辅助授粉

玉米是异花授粉作物，往往因高温干旱或阴雨连绵造成授粉不良，结实不饱满，导致减产。试验证明，实行人工辅助授粉，能减少秃顶和缺粒现象，使籽粒饱满，一般可增产10%左右。

玉米雄花开放主要在上午8：00—11：00，此时花粉刚开放，生活能力强，加之上午气温较低，田间湿度较大，最易授粉受精，如果没有风，花粉不易落下，到午后气温升高，田间湿度也下降，花粉生活力降低，甚至死亡，即使再落下来，也无授粉能力。因此，在盛花期如果无风，就要实行人工辅助授粉。

授粉可采用人工拉绳法，即用两根竹竿，在竹竿一端拴上绳子，于9：00—13：00，由两人各拿一竹竿，每隔6~8行顺行前进，使绳子在雄穗顶端轻轻拉过，让花粉散落下来。授粉工作要在花粉大量开放期间，一般进行2~3次。对于部分吐丝晚的植株，如果田间花粉已经散完，无法再授粉，则应采集其他田块玉米的花粉进行授粉。

（二）玉米"一增四改"技术

为了挖掘玉米增产潜力，加快玉米生产发展，推广玉米"一增四改"技术势在必行。"一增四改"即合理增加玉米种植密度、改种耐密型品种、改套种为平播、改粗放用肥为配方施肥、改人工种植为机械化作业。

（1）一增

就是合理增加玉米种植密度。根据品种特性和生产条件，因地制宜将现有品种的种植密度普遍增加500~1000株/亩。如果每亩增加500株左右，通过增施肥料以及其他配套技术措施的落实，每亩可以提高玉米产量50千克左右。

（2）一改

改种耐密型高产品种。耐密型品种不完全等同于紧凑型品种，有些紧凑型品种不耐密植。耐密植型品种除了株型紧凑、叶片上冲外，还应具备小雄穗、坚茎秆、开叶距、低穗位和发达的根系等耐密植的形态特征，不但可以耐每亩5000株以上的高密度，密植而不倒，果穗全，无空秆，而且还具有较强的抗倒伏能力、耐阴雨雾照能力、较大的密度适应范围和较好的施肥响应能力。

（3）二改

改套种为平播。玉米套种限制了密度的增加，降低了群体的整齐度，特别是共生期间由于小麦的遮光、争水、争肥，病虫害严重，田间操作困难，影响了玉米苗期生长和限制了产量的进一步提高。平播有利于机械化作业，可以大幅度提高密度、亩穗数和产量。一般来说，平播即小麦收割后不经过整地，在麦茬田直接免耕播种玉米，通常称为玉米铁茬免耕播种。

（4）三改

改粗放用肥为配方施肥。玉米粗放施肥成本高，养分流失严重，改为配方施肥的具体措施为：一是按照作物需要和目标产量科学合理地搭配肥料种类和比例；二是把握好施肥时期，提高肥料利用率；三是在需要时期集中、开沟深施，科学管理；四是水肥耦合，以肥调水。如果没有肥水的供给保障，很难发挥耐密型品种的增产潜力。

（5）四改

改人工种植为机械化作业。机械化作业的好处是：①可以减轻繁重的体力劳动，提高生产效率。人工种植的效率低下，浪费人力、物力和财力。机械化作业省时省力，效率较高；②可以提高播种速度和质量。春争日，夏争时，夏玉米提早播种有显著增产效果。机械播种有利于一次播种拿全苗，保障种植密度，使技术措施容易规范到位，确保播种速度和质量，逐步实现精量和半精量；③可以加快套种改平播、夏玉米免耕栽培技术的推广。用机械播种可以快速完成夏玉米铁茬免耕直播，靠人工很难实现；④可使播种、施肥、除草等作业一次完成，简化作业环节，提高作业效率，节约生产成本，提高投入产出比。

（三）玉米适期晚收增产技术

玉米适期晚收，可以高效利用有限光热资源，延长玉米灌浆时间，增加籽粒容重，提高品质和产量，是一项关键的节本增效实用技术。每晚收 1 天，千粒重可增加 4~5 克，亩可增产 8~10 千克。

技术要点如下：

（1）品种选择

选用中晚熟、耐密植、抗逆性强、活棵成熟的高产紧凑型玉米品种，夏直播生育期105~110 天，有效积温 1200~1500℃。

（2）改麦套为麦收后直播

6 月 10—20 日麦收后直播，适期早播。麦收后可及时耕整、灭茬，足墒机械播种；或者采用免耕播种机播种；或者抢茬直播，留茬高度不超过 40 厘米。等行距一般应为 60~70 厘米；大小行时，大行距应为 80~90 厘米，小行距应为 30~40 厘米。播深为 3~5 厘米。

（3）合理密植

紧凑中穗型玉米品种留苗 4500~5000 株/亩，紧凑大穗型品种留苗 3500~4000 株/亩。

（4）平衡施肥

氮肥施肥原则是轻施苗肥、重施大口肥、补追花粒肥。拔节期追施氮肥总量 30%＋全部磷、钾、硫、锌肥；大喇叭口期（第 11~12 片叶展开）追施总氮量的 50%；抽雄期追施总氮量的 20%。也可选用含硫玉米缓控释专用肥，苗期一次性施入。

（5）精细管理

于三叶期间苗，五叶期定苗；及时去除分蘖和小弱株；在拔节到小喇叭口期，对长势过旺的玉米，合理喷施植物生长调节剂（如健壮素、多效唑等），以防止玉米倒伏；及时去雄和辅助授粉；及时中耕除草；加强病虫害综合防治。

（6）适时晚收

苞叶干枯、籽粒基部出现黑层、籽粒乳线消失时收获，一般在 10 月 1—10 日收获。

（四）玉米"种肥同播"技术

目前夏玉米播种基本已经实现机械化，但施肥还比较传统，劳动力投入较大。有的农民图省事，直接将肥料撒到地表，肥料淋失、挥发严重。所以说"施肥一大片，不如施肥一条线；施肥一条线，不如施肥一个蛋"。就是说肥料用到地里比表面撒施好。

夏玉米"种肥同播"技术是在玉米播种时，按有效距离，将种子、化肥一起播进地里，提高施肥精准度，同时又省工省时省力，这种"良种＋良肥＋良法"的生产方式，能大大提高耕作效率。

1. 玉米"种肥同播"的优点

（1）省力省工

"种肥同播"解决了劳动力的问题，原来是两次施肥，现在是把播种和施肥结合在一起，不用人力，简化了栽培方式；一次施肥后不用追肥，再次节省了追肥的投入和人工成本。

（2）提高肥料利用率

肥料施进土壤，减少了肥料地表流失和挥发，肥料在土壤微生物的作用下转化成作物生长需要的营养，能提高肥料利用率 10%～20%，在相同施肥量的情况下，肥料吸收得越多，利用率越高。例如：作物根系主要以质流方式获取氮素，但土壤水运动的距离大多不超过 3～4 厘米，对根系有效的氮素，须在根系附近 3～4 厘米处；磷、钾主要以扩散的方式向根系供应养分。吸收养分的新根毛平均寿命为 5 天，最活跃的根部分生区的活性保持期为 7～14 天。因此，为提高肥料利用率，肥料应施于根际。

（3）苗齐苗壮

采用种肥同播的玉米均匀，出苗齐壮，有效提高抗旱保墒的能力；尤其是精粒播种，每亩可以节约种子成本 10 元左右。

（4）增加产量

由于提高了肥料利用率，所以提高玉米产量达 10% 以上，经济效益明显增加。

2. 玉米"种肥同播"注意哪些问题

（1）哪些化肥适合做种肥

碳酸氢铵（有挥发性和腐蚀性，易熏伤种子和幼苗）、过磷酸钙（含有游离态的硫酸和磷酸，对种子发芽和幼苗生长会造成伤害）、尿素（生成少量的缩二脲，含量若超过2%对种子和幼苗就会产生毒害）、氯化钾（含有氯离子）、硝酸铵、硝酸钾（含硝酸根离子对种子发芽有毒害作用）、未腐熟的农家肥（在发酵过程中释放大量热能，易烧根，释放氨气灼伤幼苗），这些都不适宜做种肥。

种肥要选用含氮、磷、钾三元素的复合肥，最好是缓控释肥，如双联40%智能锌缓控释肥料、48%稳定性复混肥料，玉米生长需要多少养分释放多少，还可以减少烧种和烧苗。

（2）种子、肥料间隔5厘米以上

化肥集中施于根部，会使根区土壤溶液盐浓度过大，土壤溶液渗透压增高，阻碍土壤水分向根内渗透，使作物缺水而受到伤害。直接施于根部的化肥，尤其是氮肥，即使浓度达不到"烧死"作物的程度，也会引起根系对养分的过度吸收，茎叶旺长，容易导致病害、倒伏等，造成作物减产。

所以要保持种子、肥料间隔5厘米以上，最好达到10厘米。

（3）肥料用量要适宜

如果玉米播种后不能及时浇水，种肥播量一般不超过25千克/亩，在出苗后5~7片叶时，再穴施10~15千克/亩。如果能及时浇水，而且保证种肥间隔5厘米以上时，播量可以达到30~40千克/亩。

（4）播后1~3天浇蒙头水

注意土壤墒情，减少烧种、烧苗。

（5）增施氮肥

如果前茬是小麦，而且是秸秆还田地块，一般每亩还田200~300千克干秸秆，要额外增施5千克尿素或者12.5千克碳铵，并保持土壤20%左右水分，有利于秸秆腐烂和幼苗生长，防止秸秆腐烂时，微生物和幼苗争水争肥，还可以减少玉米苗黄。

（6）播后和幼苗期药剂防治灰飞虱

减少玉米粗缩病发生。

第二节 玉米病虫草害防治技术

一、玉米主要病虫害防治技术

（一）叶斑病

1. 发病特点

包括大斑病和小斑病。主要危害叶片和苞叶，抽穗后进入发病高峰期。病斑不规则、透光，中央灰白色，边缘褐色，上生黑色小点，即病原菌的子囊座。病菌在病残体上越冬，翌年春季形成子囊孢子，进行初侵染。冷湿条件易发病。连作、地势低洼、排水不良、施肥不足发病重。

2. 防治方法

清洁田园，及时收集处理病残体。选用鲁丹50、农大108、鲁丹981等抗病品种。注意与其他作物轮作，轮作面积越大越好。

播种时每20千克种子用"天达种宝"+2.5%适乐时100毫升，兑对水400毫升拌种，阴干后播种，切勿闷种。

注意增施有机肥料，增施磷钾肥、锌肥和生物菌肥，追施足量氮肥，保障玉米植株健壮，提高抗病性能。

结合防治玉米其他叶斑病，及早喷洒75%百菌清可湿性粉剂1000倍液加70%甲基硫菌灵可湿性粉剂1000倍液，或75%百菌清可湿性粉剂1000倍液加70%代森锰锌可湿性粉剂1000倍液，40%多硫悬浮剂500倍液、50%复方硫菌灵可湿性粉剂800倍液，隔7天左右，连续防治2~3次。

喷药时加入1000倍液3%蚜虱速克或1500倍液啶虫脒，可以兼防蚜虫、蓟马、飞虱等害虫发生，并能防治玉米纹枯病、粗缩病等病害，增产玉米15%左右。

（二）玉米粗缩病

玉米粗缩病是由灰飞虱传播的病毒病，对玉米生产造成严重影响。

1. 发病症状

玉米以苗期受害最重。在玉米 5~6 片叶即可显现症状，心叶不易抽出且变小，可作为早期诊断的依据。起初，在心叶基部及中脉两侧产生透明的油浸状褪绿虚线条点，逐渐扩及整个叶片。病株叶片色泽浓绿，宽而短、僵而直、硬而脆，节间粗短，顶叶簇生状如君子兰。叶背、叶鞘及苞叶的叶脉上具有粗细不一的蜡白色条状突起，有明显的粗糙感。9~10 叶期，病株矮化现象更为明显，上部节间短缩粗肿，顶部叶片簇生，病株高度不到健株一半，多数不能抽穗结实，个别雄穗虽能抽出，但分枝极少，没有花粉。果穗畸形，花丝极少，植株严重矮化，雄穗退化，雌穗畸形，严重时不能结实。

2. 发生规律

玉米粗缩病以带毒灰飞虱传播病毒。灰飞虱若虫或成虫在地边杂草下和田内麦苗下等处越冬，为翌年初侵染源。冬小麦也是病毒的越冬寄主。春季带毒的灰飞虱将病毒传播到返青的小麦上，以后由小麦和地边杂草等处再传到玉米上。

此病发生早轻晚重，很大程度上取决于灰飞虱田间数量和带毒个体的多少，并且与栽培条件有关。早播玉米发病重，靠近地头、渠边、路旁杂草多的玉米发病重，靠近菜田等潮湿而杂草多的玉米发病重，不同品种之间发病程度有一定差异。

3. 易发病原因

近几年冬季气温偏高，利于灰飞虱安全越冬，带毒的灰飞虱越冬基数偏高。夏玉米播种早，造成玉米苗期的易感病阶段与灰飞虱的迁飞盛期相吻合。玉米田间管理粗放、草荒重，为灰飞虱的栖息与繁殖创造了条件。

施肥不当，有机肥用量少，锌铁等微肥较缺乏，土壤养分不均衡，降低了植株的抗病性，利于病害发生。

4. 防治措施

玉米粗缩病目前尚无特效药剂防治，一旦发病基本上无产量。因此，要坚持治虫防病的原则。应采取减少灰飞虱虫源和做好传毒昆虫防治等措施，力争把传毒昆虫消灭在传毒之前。

（1）选种抗、耐病品种

玉米品种之间病害发生情况存在一定差异，农大 108、郑单 958、鲁单 50、鲁单 981、鲁单 984 等品种发病较轻，病株率在 5% 以下。

（2）农业防治

在小麦、玉米等作物播种前和收获前清除田边、沟边杂草，精耕细作，及时除草，以减少虫源。对玉米田及四周杂草喷 40%氧化乐果乳油 1500 倍液加 50%甲胺磷乳油 1500 倍液。适当调整玉米播期（调后），使玉米苗期错过灰飞虱的盛发期。合理安排种植方式。加强田间管理，及时追肥浇水，提高植株抗病力。结合间苗定苗，及时拔除病株，以减少病株和毒源，严重发病地块及早改种豆科作物或甜、糯玉米等，以增加经济收入。

（3）药剂防治

①小麦：一是播种时采用内吸性杀虫剂大面积拌种或包衣，可用 40%甲基异柳磷按种子量 0.2%拌种或包衣，以减少越冬虫源。二是结合麦蚜防治，采用麦蚜、灰飞虱兼治的药剂或者在防治麦蚜药剂中加入防治灰飞虱药剂进行麦蚜防治，包括苗蚜防治和穗蚜防治。麦蚜、灰飞虱兼治的药剂可亩用 10%吡虫啉 10 克喷雾防治；也可在麦蚜防治药剂中加入 25%捕虱灵 20 克兼治。

②玉米：一是用内吸性杀虫剂拌种或包衣，可用 60%高巧或 40%甲基异柳磷按种子量的 0.2%拌种或包衣；二是在出苗前进行药剂防治，亩用 10%吡虫啉 10 克喷雾防治；三是玉米出苗后，在玉米 3~4 叶期，对田间及地块周围喷药防治灰飞虱。药剂可用 40%久效磷乳油 1500~2000 倍液，或 40%氧化乐果乳油、50%对硫磷乳油 1000 倍液或 5%锐劲特（氟虫腈）悬浮剂 30 毫升或 10%吡虫啉 15 克，兑水 30~40 千克喷雾；也可用 4.5%高效氯氰菊酯 30 毫升或 48%毒死蜱 60~80 毫升，兑水 30~40 千克喷雾。喷药力求均匀周到，隔 7 天再防治一次，以确保防治效果；并做到统一时间、统一药剂、统一方法、统一施药，提高防治效果。也可在灰飞虱传毒为害期，尤其是玉米 7 叶期前喷洒 2.5%扑虱蚜乳油 1000 倍液，隔 6~7 天 1 次，连喷 2~3 次，可事半功倍。

（4）加强田间管理，提高植株抗病能力

合理施肥、灌水，加强田间管理，缩短玉米苗期时间，减少传毒机会，提高玉米抗病力。实践证明，增施有机肥，调节 N、P、K 肥的比例、用量和施肥，搞好配方施肥，增施锌、铁等微肥，提高植株抗病能力，能有效地减轻该病的发生。

二、玉米主要虫害防治技术

（一）玉米螟

玉米螟可危害玉米、高粱、谷子、棉、麻、豆类等多种作物。

1. 形态特征

成虫黄褐色，前翅内横线呈波状纹，外横线锯齿状暗褐色，前缘有 2 个深褐色斑。后翅略浅，也有 2 条波状纹。卵椭圆形黄白色，一般 20~60 粒粘在一起排列成不规则的鱼鳞状卵块。幼虫共 5 龄，老熟幼虫体背淡褐色，中央有一条明显的背线，腹部 1~8 节背面各有两列横排的毛瘤，前 4 个较大。蛹纺锤形红褐色。

2. 为害特点

玉米螟以幼虫为害。初龄幼虫蛀食嫩叶形成排孔花叶，3 龄后蛀入茎秆为害花苞、雄穗及雌穗。受害后玉米长势衰弱、茎秆易折，雌穗发育不良，影响结实。幼虫为害棉花时蛀入嫩茎，使上部枯死，蛀食棉铃引起落铃、腐烂及僵瓣。

3. 发生规律

玉米螟每年发生 3 代，以老熟幼虫在玉米被害部位及根茬内越冬。越冬代幼虫 5 月中下旬进入化蛹盛期，越冬代成虫出现在 5 月下至 6 月中旬，在春玉米上产卵。一代幼虫 6 月中下旬盛发为害，此时春玉米正处于心叶期，为害很重。二代幼虫 7 月中下旬为害夏玉米（心叶期）和春玉米（穗期）。三代幼虫 8 月中下旬进入盛发，为害夏玉米穗及茎部。在春玉米和棉花混种区，玉米收获后，二代成虫则转移到棉田产卵，为害棉花青铃。幼虫老熟后于 9 月中下旬进入越冬。

4. 生活习性

成虫昼伏夜出，有趋光性，卵多产在玉米叶背中脉附近，每个卵块 20~60 余粒，每次可产卵 400~500 粒，卵期 3~5 天。幼虫 5 龄，历期 17~24 天。初孵幼虫有吐丝下垂习性，并随风或爬行扩散，钻入心叶内啃食叶肉，只留表皮。3 龄后蛀入为害雄穗、雌穗、叶鞘、叶舌。老熟幼虫一般在被害部位化蛹，蛹期 6~10 天。在玉米螟越冬基数大的年份，田间第一代卵及幼虫密度高，一般发生为害就重。温度在 25~26℃，相对湿度 90%左右，对产卵、孵化及幼虫成活最有利。暴雨冲刷可增加初孵幼虫的死亡率。

5. 防治方法

（1）农业防治

处理越冬玉米秸秆，在春季越冬幼虫化蛹、羽化前处理完毕。

（2）药剂防治

①在春玉米心叶末期，花叶株率 10%时要进行普治。心叶中期花叶率超过 20%，或 100 株玉米累计有卵 30 块以上，须再防一次；②夏玉米心叶末期防治一次。穗期虫穗率 10%或 100%穗花丝有虫 50 头时要立即防治。

药剂可用 2.5%敌百虫（美曲膦酯）颗粒剂，每千克可撒玉米 500~600 株；3%辛硫磷颗粒剂每亩 5 千克。或在心叶期用 90%敌百虫（美曲膦酯）1500~2000 倍药液灌心叶，每千克药液可灌玉米 100 株。抽穗期至大喇叭口期，用 20%康宽悬浮剂 3000 倍液、35%奥得腾水分散剂 7500 倍液喷心防治；幼虫蛀入雌穗后，用 20%康宽悬浮剂 3000 倍液、35%奥得腾水分散剂 7500 倍液喷穗防治。

（3）生物防治

①有条件的可通过人工饲养和释放赤眼蜂控制玉米螟；②利用 Bt 乳剂，每亩用每克含 100 以上孢子的乳剂 200 毫升，配成颗粒剂施撒或与药剂混合喷雾；③利用白僵菌封垛，每立方米秸秆垛用菌粉（每克含孢子 500 亿~100 亿）100 克，在玉米螟化蛹期喷洒在秸秆垛上。

（二）玉米二点委夜蛾

玉米二点委夜蛾近几年开始为害玉米，由于其为害部位以及形态上的相近，人们习惯把二点委夜蛾误称为"地老虎"。

1. 发生规律及原因

主要发生在麦秸覆盖面积比较大的田块，麦秸麦糠覆盖越多，发生越严重。由于秸秆还田和玉米播种时间晚等原因，每年发生都比较严重。

二点委夜蛾幼虫在玉米气生根处的土壤表层处为害玉米根部，咬断玉米地上茎秆或浅表层根。受为害的玉米田植株东倒西歪，甚至缺苗断垄，玉米田中出现大面积空白地。

二点委夜蛾喜阴暗潮湿畏惧强光，一般在玉米根部或者湿润的土缝中生存，遇到声音或药液喷淋后呈"C"形假死。高麦茬厚麦糠为二点委夜蛾大发生提供了有利的生存环境。幼虫比较厚的外皮使药剂难以渗透是防治的主要难点，世代重叠发生是增加防治次数的主要原因。

2. 防治方法

掌握早防早控，发现田间有个别植株发生倾斜时要立即开始防治。

（1）农业措施

及时清除玉米苗基部麦秸、杂草等覆盖物，消除其发生的有利环境条件。一定要把覆盖在玉米垄中的麦糠麦秸全部清除到远离植株的玉米大行间并裸露出地面，便于药剂能直接接触到幼虫。仅仅全田药剂喷雾而不顺垄灌根的防治方法几乎没有效果，不清理麦秸麦糠只顺垄药剂灌根的玉米田防治效果稍差。最好的防治方法是清理麦秸麦糠后，用三六泵机动喷雾机，将喷枪调成水柱状直接喷射玉米根部。同时要培土扶苗，对倒伏的大苗，在积极除虫的同时不要毁苗，而应培土扶苗，力争促使今后的气生根健壮，恢复正常生长。

（2）药物防治

可采用毒饵法、毒土法、灌药法防治。

①撒毒饵。每亩用4~5千克炒香的麦麸或粉碎后炒香的棉籽饼，与兑少量水的90%晶体敌百虫（美曲膦酯），或48%毒死蜱乳油500克拌成毒饵，于傍晚顺垄撒在玉米苗边。

②毒土。亩用80%敌敌畏乳油300~500毫升拌25千克细土，于早晨顺垄撒在玉米苗边。

③灌药。随水灌药，亩用48%毒死乳油1千克，在浇地时灌入田中。

④喷灌玉米苗。将喷头拧下，逐株顺茎滴药液，或用直喷头喷根茎部。药剂可选用48%毒死蜱乳油1500倍液、30%乙酰甲胺磷乳油1000倍液，或4.5%高效氟氯氰菊酯乳油2500倍液。药液量要大，保证渗到玉米根围30厘米左右的害虫藏匿的范围。

特别注意，如果是喷用苗后除草剂的地块，要在7天以后才能使用有机磷农药，以防产生药害。

第七章 水稻生产技术

第一节 水稻高产栽培技术

一、水稻旱育稀植高产栽培技术

水稻旱育稀植高产栽培技术具有省水、省种、省工、省肥、省秧田、增产早熟等特点。旱育秧苗矮壮，根系发达，返青快，分蘖早，成穗多；合理稀植，扩大行距，减小墩距和墩苗数，更利于增加水稻有效分蘖，提高成穗率，减少病虫害发生，具有明显的增产效果。

（一）因地制宜、选用良种

要根据生产条件、土壤肥力、种植方式等，因地制宜，选用高产优质、抗逆性强、综合性状好的优良品种。移栽稻应选用全生育期150天左右的中晚熟品种，如临稻16号、阳光200、大粮203、大粮202、临稻18号、临稻19号、临稻10号等；麦茬直播稻应选用生育期120天左右（不能超过125天）的早熟品种，如临旱1号、津原85、旱稻277等。

（二）旱育稀播、培育壮秧

旱育稀播是培育壮秧的关键。因此，要加强地力培肥、提高整地质量、实行精量稀播。搞好秧田管理，确保苗匀、苗壮，为水稻高产打下坚实基础。

1. 选择适宜秧田

秧田最好选择菜园地或旱田，一般不要选用稻田地。要求排灌方便，土壤疏松肥沃、有机质含量高、透水透气好、呈弱酸性（pH值5.5左右），碱性土壤可用腐殖酸进行适当调整。

2. 精细整地、施足基肥

要求年前冬耕冻堡，播种前 10~15 天进行耕耙，耕耙时亩施土杂肥 5000 千克以上，要做到土肥相融，全层施肥。播种时再进一步整平耙细，做成 1.2~1.5 米宽的畦。播种时亩施复合肥 30~40 千克（15∶15∶15）、尿素 5~10 千克、锌肥 1.5 千克，也可亩施"旱秧绿"育秧专用肥 50 千克。将肥料均匀撒到地表面，然后浅翻 8~10 厘米，使肥料与土壤均匀混合，以防烧种。

3. 搞好种子处理

一是晒种，选晴天晒种 1~2 天，以提高种子活性。二是浸种消毒，每 5 千克稻种可用浸种灵 2 毫升，兑水 10 千克浸泡，常温浸泡 3 天，浸后不用清水洗可直接播种。也可浸种后，稍加晾干，用高巧 10 毫升兑水 10 毫升，拌种 1 千克，晾干后播种。

4. 适期、精细播种

水稻旱育秧适宜播期在 5 月上旬，亩播种量 20~30 千克（菜园等肥沃地块 20~25 千克/亩、一般田块 25~30 千克/亩）。播种时，先把第一畦用铁锹均匀起土 1 厘米放置地头。然后浇足底墒水，待水渗入土壤后，将称量好的种子均匀撒入，然后在第二畦均匀起表层土 1 厘米均匀覆盖在第一畦上，然后对第二畦灌溉、播种，用第三畦的土覆盖第二畦，依此类推，最后一畦用第一畦取出的土覆盖。播种完毕后，喷除草剂封闭，然后用地膜覆盖。出苗后要马上揭膜，以免烧苗。

5. 科学运筹秧田肥水

水稻旱育秧田，在三叶期前，不遇特殊干旱天气不须浇水，浇水会导致地温下降，土壤板结，诱发青枯病和立枯病。三叶期后，如遇干旱，可浇"跑马水"，不能大水漫灌。在三叶期（断乳期）可结合浇跑马水亩追尿素 5~10 千克；移栽前 1 周，结合浇水追施送嫁肥，亩追尿素 5~6 千克。苗期遇雨或浇水后要及时松土，最好能有防雨措施，以避免大雨或连续降雨导致秧苗徒长。另外，严禁在秧田苗期撒施草木灰，以免引起土壤碱性增强，造成死苗。

6. 搞好秧田病虫草害防治

要坚持"预防为主，综合防治"的原则，在做好药剂浸种的基础上，重点防治灰飞虱、蓟马、叶蝉等虫害，预防条纹叶枯病、黑条矮缩病的发生。可亩用 24% 吡异 30 克左右或 15% 吡虫啉 20 克左右，兑水 30~40 千克喷雾防治。如有稻瘟病（叶瘟）发生，可用 20% 三环唑连喷 2 遍。防除杂草以播种后至出苗前为宜，可每亩用丁恶合剂 100~150 毫升或旱秧净 100 毫升，兑水 50 千克均匀喷雾封闭。

（三）精准栽插、科学管理

1. 秸秆还田、增施有机肥

要积极推广秸秆机械粉碎、深耕还田技术，提高秸秆还田质量。同时，要广辟肥源、增施农家肥，一般亩施优质腐熟圈肥 2000~3000 千克，以增加土壤有机质，改善土壤结构，培肥地力。

2. 精细整地、适期移栽

小麦收获后要及时进行深耕，加厚耕层，疏松土壤，改善土壤结构，增加土壤蓄水保肥能力。一般耕深 20 厘米左右，注意不能打破犁地层，以免漏肥漏水。在培育适龄壮秧和精细整地的基础上，要做到适期移栽，水稻适宜移栽期为 6 月 20 日前后，最迟应在 6 月底前完成插秧，坚决不插 7 月秧。

3. 提高插秧质量、建立适宜群体

目前，水稻生产上普遍存在着栽插墩数不足、行墩距不合理的现象。适当增加亩墩数，扩大行距，缩小墩距，可以改善通风透光条件，减少病虫害发生，提高光能利用率，增加产量。因此，要提高栽插质量，一般每亩栽插 2.0 万~2.2 万墩，带蘖壮苗每墩栽 2~3 株，一般秧苗每墩栽 3~4 株，基本苗 6 万~8 万，行距 25~27 厘米，墩距 12~14 厘米。栽插深度 1.5~2 厘米，越浅越好，只要站稳不倒即可。要插直、插匀。壤土、黏土地，水耙整平后要使泥浆自然沉实 12 小时后再插秧，以免插秧过深；沙性较大的土壤，水耙整平后要马上插秧，以免过于沉实，导致插秧困难。插秧时田面要保持薄水层，便于浅插。

4. 科学配方、平衡施肥

要坚持有机肥与无机肥兼施，氮、磷、钾、微肥平衡施用的原则，保持养分全面持续供应。在整地时一般每亩施土杂肥 3000~5000 千克或圈肥 2000~3000 千克作基肥。本田期化肥施入总量为：600 千克以上的高产田亩施纯氮 15~18 千克、磷 6~8 千克、钾 12~14 千克；500~600 千克的中高产田亩施纯氮 12~15 千克、磷 5~7 千克、钾 10~12 千克；500 千克以下的中低产田亩施纯氮 10~12 千克、磷 4~6 千克、钾 8~10 千克。其中氮肥总量的 45%~50% 作基肥、25% 作分蘖肥（可分两次施入：插秧后 5~7 日施入一次、7 月 15 日前后有效分蘖临界期施入一次）、25% 作穗肥（8 月初，基部第一节间基本定长时施入）、0~5% 作粒肥；磷肥全部作基肥施入；钾肥总量 60% 作基肥、40% 作追肥（7 月 15 日前后追壮蘖肥时追施 15%，8 月初追穗肥时追施 25%）。

5. 加强水层管理

插秧后要保持寸水活棵、浅水分蘖；当亩茎数达到计划穗数的 80%～85% 时，开始晒田；孕穗、抽穗期保持浅水层；灌浆期活水养根，干湿交替，保持湿润到成熟，收获前 7 天停水。

6. 综合防治病虫草害

近年来水稻病虫害主要有纹枯病、稻瘟病（穗颈稻瘟病为主）、条纹叶枯病、黑条矮缩病、稻纵卷叶螟、稻飞虱和二化螟等，要科学用药，适时防治。防治纹枯病，可每亩用 5% 井冈霉素 300～500 克或 20% 爱苗 10～20 克或 70% 甲基托布津（甲基硫菌灵）粉剂 50～80 克，兑水 50～60 千克喷雾防治，喷药时要对准稻株中、下部发病部位，每隔 10 天左右防治一次，连防 2～3 次；防治穗颈稻瘟病，可每亩用 75% 三环唑可湿性粉剂 30～40 克或 20% 异稻瘟净乳油 100～150 克，兑水 40～50 千克喷雾防治，用药时要避开烈日高温，选择晴天 16：00 后进行喷雾，以免产生药害；防治条纹叶枯病、黑条矮缩病，要坚持"治虫防病"的原则，重点抓好秧田灰飞虱的防治，应在小麦收获前后和起苗前各进行一次药剂防治；防治稻纵卷叶螟和二化螟，可每亩用 2.5% 甲维盐 20 毫升左右 +18% 高氯虫酰肼 30 毫升左右或 20% 康宽 30 克左右，兑水 40～50 千克喷雾防治；防治稻飞虱可亩用 24% 吡异 30 克左右或 15% 吡虫啉 20 克左右，兑水 40～50 千克喷雾防治。本田杂草可亩用 50% 丁草铵 150 克或农思它 150～200 毫升防除。

7. 适时收获

一般在黄熟期至完熟期，植株上部茎叶及稻穗完全变黄，籽粒坚硬充实饱满，有 80% 以上的米粒已达到玻璃质时收获。

二、水稻全程机械化优质高产栽培技术

水稻机插秧技术是一项成熟的技术。水稻机插秧技术是采用规范化育秧、机械化插秧的水稻移栽技术。主要包括育秧技术、插秧机操作技术、机插大田栽培管理技术等三大技术综合。水稻全程机械化优质高产综合栽培技术，具有节本、增产、增效等优点，适于在山东水稻产区示范推广。

（一）品种选择

要根据生产条件、土壤肥力、种植方式等，因地制宜，选用高产优质、抗逆性强、综合性状好的优良品种。机插稻可选用生育期 145 天左右的中早熟品种，如临稻 16 号、津稻 372 等品种。

（二）壮秧培育

培育壮秧是水稻高产的关键。因此，要加强秧田地力培肥、提高整地质量、实行精作细播、搞好秧田管理，确保苗匀、苗壮，为水稻高产奠定基础。

1. 秧田选择

机插水稻秧田、大田比例宜为 1：80~1：100，一般每亩大田需秧池田 7~10 平方米。床土需要提前准备，适宜作床土的有菜园土、耕作熟化的旱田土（不宜在荒草地及当季喷施过除草剂的地块取土），要求土质疏松肥沃、有机质含量高、通透性好、呈弱酸性（pH 值 5.5 左右），无残茬杂草砾石、无污染的壤土。肥沃疏松的菜园土，过筛后可直接作床土；其他适宜土壤提倡在冬季完成取土，取土前要对取土地块施肥，每亩匀施腐熟人畜粪 2000 千克（禁用草木灰）以及 25% 氮、磷、钾复合肥 60~70 千克。选择晴天和土堆水分适宜（含水率 10%~15%）时过筛，粒径不大于 5 毫米，筛后用农膜覆盖继续集中堆闷，使肥土充分熟化。冬前未能提前培肥的，宁可不培肥而直接使用过筛细土，在秧苗断奶期追施同样能培育壮秧。确实需要培肥的，至少于播种前 30 天进行，堆肥时要充分拌匀，确保土肥交融，拌肥过筛后一定要盖膜堆闷促进腐熟，禁止未腐熟的厩肥以及淤泥、尿素、碳铵等直接拌作底肥，以防肥害烧苗。按每亩大田备营养细土 100 千克和未培肥过筛的细土 25 千克作盖籽土，或按每个标准秧盘（规格为 28 厘米×58 厘米×2.5 厘米，底部有 392 个渗水孔）备土 4.5 千克，每亩本田约需 35~40 盘秧苗。

2. 精细整地

机插水稻要求播前 10 天做秧板，苗床宽 1.4~1.5 米，秧板之间留宽 20~30 厘米、深 20 厘米的排水沟兼管理通道。秧池外围沟深 50 厘米，围埂平实，埂面一般高出秧床 15~20 厘米，开好平水沟。为使秧板面平整，可先上水进行平整，秧板做好后排水晾板，使板面沉实，播种前 2 天铲高补低，填平裂缝，充分拍实，使板面达到"实、平、光、直"。实，秧板沉实不陷脚；平，板面平整无高低；光，板面无残茬杂物；直，秧板整齐沟边垂直。

3. 搞好种子处理

一是晒种，选晴天晒种 1~2 天，以提高种子活性。二是种子包衣。用 2.5% 吡虫啉·咪鲜胺悬浮种衣剂，按照药剂、水、种子 1：2：50 的比例进行拌种包衣，包衣后晾 1~2 小时后即可播种。

4. 适期精细播种

（1）播种时间

机插秧适宜播种时间为 5 月 20—25 日播种。

（2）机插稻播种密度

按常规稻每盘播干谷 100~120 克，成苗 2~3 株/平方厘米。

（3）播种量

机械播种每盘播种 100~120 克。播种时，在播种机第一、三仓放入营养土，在第二仓放入种子，作业时，先把穴盘用硬托盘托住放在传送带上面，经第一仓时，营养土自动均匀铺于穴盘底部，厚度约 1 厘米，经第二仓时，种子被均匀撒在营养土上面，经第三仓时，再在种子上面均匀覆盖 1 厘米厚的营养土。

（4）摆盘

播种后将秧盘均匀放于秧板上，要做到整齐规整，盘底紧贴床面，盘与盘紧密相连，松紧合适，不变形。

（5）覆膜浇水

营养盘摆放整齐后，用宽 180 厘米塑料编织布覆盖在穴盘上面，然后采用喷灌经编织布缓慢浇水，直到穴盘中土全部浸透，以防种子露出土壤和太阳暴晒。

（6）秧田肥水管理

机插水稻播后保持平沟水，秧苗 2 叶期前，保持秧板盘面湿润不发白，盘土含水又透气。2~3 叶期视天气情况勤灌跑马水，做到前水不接后水，并结合灌水，亩用尿素 5.0~7.5 千克撒施或兑水浇施作断奶肥。移栽前 2~3 天及时脱水蹲苗，灌半沟水，使床土软硬适当，便于起秧机插，并视苗情施好送嫁肥，亩用尿素不超过 5 千克。机插育秧要有防雨措施，以避免大雨或连续降雨导致秧苗徒长。严禁在秧田苗期撒施草木灰，以免引起土壤碱性增强，造成死苗。

（7）搞好秧田病虫草害防治

要坚持"预防为主，综合防治"的原则，在做好药剂浸种的基础上，重点防治灰飞虱、蓟马、叶蝉等虫害，预防条纹叶枯病、黑条矮缩病的发生。可每亩用 24% 吡蚜 30 克左右或 15% 吡虫啉 20 克左右，兑水 30~40 千克喷雾防治。如有稻瘟病（叶瘟）发生，可用 20% 三环唑连喷 2 遍。在播种后至出苗前宜亩用丁恶合剂 100~150 毫升或旱秧净 100 毫升，兑水 50 千克均匀喷雾封闭，以防除杂草。

（三）地力培肥

采用秸秆机械粉碎、深耕还田技术，提高秸秆还田质量。同时，要广辟肥源、增施农家肥，一般每亩施优质腐熟圈肥 2000~3000 千克，以增加土壤有机质，改善土壤结构，培肥地力，特别是优质稻米基地，要提倡多施用有机肥，以替代化肥。

（四）精细整地、标准插秧

1. 精细整地

机插秧要精细整地，作业深度不超过 20 厘米，泥脚深度不大于 30 厘米，泥土上细下粗，细而不糊，上软下实。田面平整，田块内高低落差不大于 3 厘米，表土硬软适中，田面基本无杂草残茬等残留物。在培育适龄壮秧和精细整地的基础上，要做到适期早栽，水稻适宜移栽期为 6 月 20—25 日。

2. 适期插秧

机插秧水稻适宜移栽期为 6 月 20—25 日。

3. 插秧规格和标准

合理的栽插密度，能够改善通风透光条件，减少病虫发生，提高水稻光能利用效率，增加产量，机插秧一定要等到泥浆自然沉实后再插秧，以免插秧过深，影响分蘖；沙性较大的土壤，水耙整平后要马上插秧，以免过于沉实，插秧困难。插秧时田面要保持薄水层，以便浅插。插秧机械可选用采用井关 2Z-8A（PZ60）乘坐式高速插秧机，同进插 6 行。机插密度每墩 3~5 株、行墩距为（25~30）厘米×（12~14）厘米。起秧移栽时，根据机插进度，做到随起、随运、随栽，尽量减少秧块搬动次数，堆放不超过 3 层，遇烈日高温要有遮阳设施。插秧机应符合技术条件要求，并按使用规定进行调整和保养，须由受过技能培训的熟练机手操作。宜在晴朗或多云、阴天的早晨或下午进行机插秧，作业时根据秧箱内苗量及时补给，在确保秧苗不漂、不倒的前提下，应尽量浅栽，机插到大田的秧苗应稳、直、不下沉，确保机插质量。机插深度以不大于 2 厘米为宜，作业行距一致，不压苗，不漏苗，伤秧率和漏插率均低于 5%，每小时作业 8~10 亩，机插完成后及时人工补苗。

（五）肥料运筹

坚持有机肥与无机肥兼施，氮、磷、钾、微肥平衡施用的原则，保持养分全面持续供应。在整地时一般每亩施土杂肥 3000~5000 千克或圈肥 2000~3000 千克作基肥。本田期化肥施入总量为：600 千克以上的高产田亩施纯氮 15~18 千克、磷 6~8 千克、钾 12~14 千克；500~600 千克的中高产田亩施纯氮 12~15 千克、磷 5~7 千克、钾 10~12 千克；500 千克以下的中低产田亩施纯氮 10~12 千克、磷 4~6 千克、钾 8~10 千克。其中氮肥总量的 50%作基肥，25%作分蘖肥，25%作穗肥。分蘖肥插秧后 7~10 日施入，穗肥于大暑后 2~3 天（7 月 25 日前后）施入、0~5%作粒肥；磷肥作基肥一次性施入；钾肥总量 60%作基肥、40%作追肥（大暑后 7 月 25 日前后穗肥时追施）。

（六）水分管理

插秧后要保持寸水活棵、浅水分蘖；当亩总茎数达到计划穗数的 80%~85%时，开始晒田，尤其是进行秸秆还田的田块前期要经常进行脱水排毒促通气，促进根系下扎；孕穗、抽穗期保持浅水层；灌浆期活水养根，干湿交替，保持湿润到成熟，收获前 7 天停水。机插水稻栽时浅水机插，栽后及时灌 1~2 厘米浅水护苗活棵，湿润立苗，浅水早发。分蘖期间歇灌溉，以保持 3 厘米水层至湿润无水层为宜，至够苗期适时晒田，此后与手插水稻的水层管理相一致。

（七）病虫草害防治

坚持预防为主，综合防治，搞好病虫害预测预报，及时防治，秧田期重点防治立枯病、恶苗病等病害，通过加强灰飞虱、叶蝉、蓟马等害虫防治，预防水稻条纹叶枯病、黑条矮缩病的发生。本田期要重点防治稻瘟病、纹枯病、稻曲病、二化螟、三化螟、稻纵卷叶螟、稻飞虱等。

（1）稻瘟病

叶瘟应在分蘖期发病时亩用 40%稻瘟灵·异稻乳油 80 毫升或 20%邦克瘟悬浮剂 100 毫升兑水 50 千克均匀喷雾。穗颈瘟在水稻破口期和齐穗期各防治一次。可每亩用 75%三环唑可湿性粉剂 50 克或 40%异稻瘟净乳油 150~200 毫升兑水 40~50 千克喷雾防治。

（2）纹枯病

防治水稻纹枯病可用 5%纹枯净水剂每亩 150 克或 5%井冈霉素 150~200 毫升或 30%妙品悬乳剂 15~20 克兑水 30 千克均匀喷雾。

（3）稻曲病

在水稻破口前 5~7 天亩用 80%多菌灵 50 克或 5%己唑醇水剂 20 毫升，兑水 45 千克喷药一次。

（4）灰飞虱和条纹叶枯病、黑条矮缩病

条纹叶枯病、黑条矮缩病与灰飞虱防治要结合进行，播种前搞好种子消毒，秧田期及时防治灰飞虱，秧苗移栽时清除田边杂草，压低虫源、毒源。在秧田、本田前期防治灰飞虱，要及时杀灭麦田灰飞虱。插秧后 5~7 天，根据灰飞虱和条纹叶枯病、黑条矮缩发病情况，及时用 10%吡虫啉 10 克或 25%吡蚜酮悬乳剂 50 毫升+5%盐酸吗啉胍可溶性粉剂 80~100 克+天达 2116 叶面肥 25 克兑水 30~40 千克喷雾防治。

（5）水稻螟虫

二化螟、三化螟要重点防治一代，在虫卵孵化始盛期到孵化高峰期，亩用 1.8%阿维菌素乳油 75~100 毫升+40%水胺硫磷乳油 75~100 毫升兑水 30 千克防治。稻纵卷叶螟可在卵孵化盛期每亩用 1.8%阿维菌素 50 毫升或 50%阿维·毒乳油 50 毫升兑水 30 千克均匀喷雾。

（6）杂草防除

秧田杂草要在播种后至出苗前进行防治，可每亩用丁恶乳油 100~150 毫升或旱秧净 100 毫升兑水 50 千克均匀喷雾封闭防治。大田杂草可每亩用 50%丁草胺 150 毫升或农思它 150~200 毫升防治。

（八）适时收获

一般在黄熟期至完熟期，植株上部茎叶及稻穗完全变黄，籽粒坚硬充实饱满，有 80%以上的米粒已达到玻璃质时收获。

三、水稻旱直播栽培技术

随着农村劳动力的不断转移，节约化栽培模式——水稻旱直播已越来越受广大稻农的重视。旱直播是在旱田状态下整地与播种，将稻种播入 1~2 厘米的浅土层内，播种后灌水或利用自然降水保持田面湿润，以利扎根出苗。秧苗 2 叶 1 心后，如田干裂，再灌浅水，以促幼苗生长，分蘖后进行正常肥水管理。水稻旱直播栽培具有以下优点：①不需要育秧、拔秧、运秧、栽秧，减轻了农民的劳动强度，同时不占用秧田，提高了土地利用率；②不用栽秧，降低了生产成本。由于高密度种植，有效穗多，产量高，经济效益好；③适宜机械化、规模化种植，提高了劳动生产率；④因育秧移栽，秧田期正是灰飞虱由麦田向秧田大量迁入期，迁入秧田，对秧苗传毒为害。而旱直播比育秧移栽播期推迟30天左右，避开了灰飞虱传毒为害。同时，减轻了稻曲病、稻瘟病、稻飞虱等为害。近年来临沂市水稻旱直播生产发展较快，但生产上经常出现品种选用不当、管理差、发生草荒，导致减产。

（一）品种选择及种子处理

可选用当地大面积推广应用的主体品种，但以分蘖性一般或偏弱、穗型偏大、抗倒综合性状优良品种为佳。选择生育期125天左右的早熟粳稻品种，如临旱1号、津原85、旱稻277等，确保10月15日前后能够安全成熟。要选用经精选加工、发芽势强、发芽率高的种子，用浸种灵（1支2毫升拌种6千克）浸2~3天，晾干即可播种，或用菌克清20支拌种7.5千克，均匀拌种后即可播种。

（二）精细整地、精量播种

田地平整和沟系配套是直播稻成败的重要条件。田面不平，播后水浆管理难度大，难以取得一播全苗。麦收后施45%三元素复合肥500千克/公顷，均匀撒施后，犁翻细耙整平，在播种时要求开好排灌水沟。麦茬直播宜早不宜迟、宜抢不宜拖。一旦小麦成熟，立即抢收、清田、整田、播种，临沂小麦6月上旬成熟收获，水稻要在小麦收后抢茬播种，争取6月10日前后完成播种。播种前晒种1~2天，用使百克浸种30~45小时，捞出晾干播种。无论撒播或条播，一定要浅播、匀播，播深控制在1~2厘米，只要覆土盖严种子即可。播后浅耙整平，播种时有个别地方播种不均匀，要在2叶1心到3叶1心间苗补苗，移稠补稀，确保田间有足够的基本苗。播种量75~90千克/公顷，基本苗150万~210万株/公顷，最少不低于120万株/公顷，最多不超过225万株/公顷，保持均匀生长。

（三）加强田间管理

1. 综合防治杂草

杂草防除是直播成败的关键。要以生态防除为基础，化学除草为重点，水控、人拔为辅。具体做法：第一次化除，时间是播种后出苗前，是非常关键性的一次封闭性除草。灌水后如田面有积水及时排出，在田面湿润时及时喷施，用36%丁恶合剂2.25千克/公顷，兑水750千克/公顷均匀喷雾，其中千金子的防效可达98%以上，喷药后至齐苗田间不能积水，以防药害。第二次化除在第 1 次用药后 20 天左右（三叶期），及时喷施三氯喹啉酸和苄密磺隆，除稗草和阔叶草，对稗草少的田块可单喷苄密磺隆，对未及时使用 36% 丁恶合剂的田块，千金子多可喷 1 次氰氟草酯。第三次化除在水稻分蘖末期拔节前，如在 3~4 叶期未使用苄密磺隆或田间阔叶草未除净的田块，可喷 1 次 2，4-D 丁酯；稗草较多的田块，在稗草 3~5 叶期，用 50% 快杀稗 6.75~11.25 千克/公顷，兑水喷雾；稗草局部发生的田块应进行挑治，见草打草，节省成本。喷药要做到按标准量用药，加大水量，均匀喷施，不漏喷，不重喷，以防药害，以后如有少量杂草辅以人工拔除。

2. 肥料合理运筹

根据旱直播稻的生育特点，肥料运筹要有利于增穗、增粒、高产而不贪青迟熟。要克服追施氮肥越多越高产的错误思想，适时适量。采用的施肥策略是"前促、中控、后稳"。"前促"指基蘖肥要施足有机肥和适量的复合肥，基肥、分蘖肥各占总氮量 60% 左右，全生育期总用量与常规栽培要持平略减，分蘖肥采用"少吃多餐"看苗促进的方法，可分 2 次施用；"中控"指总茎蘖苗达到预期穗数 85% 左右时要控制肥料施用，控制无效分蘖和无效生长；"后稳"指普施、重施穗肥，占总肥量 40% 左右，一般不施粒肥，或看苗少量施用，以防贪青晚熟。

3. 把握水浆管理

播后灌"蒙头水"，要湿润灌溉或浅水灌溉，严禁大水漫灌，造成积水。争取在 6 月 20 日前后齐苗，湿润灌溉以利出苗，齐苗至三叶期前一般不浇水，如遇特殊干旱可浇"跑马水"，三叶期后田间保持湿润或浅水层，拔节、孕穗、抽穗、灌浆期要适当加深水层，黄熟期方可断水。对于地势高、保水差的田块，一定要及时补水，全生育期内，田面不能干裂。促进分蘖早生快长和以水抑草，在够苗期前（约在预期穗数苗的 80% 时）轻晾田，协调群体保稳长。拔节孕穗期，间歇灌溉，强根壮秆争大穗。后期干干湿湿，养根护叶，活熟到老，严防因脱水过早影响千粒重和产量。

4. 及时防治病虫害

旱直播稻的病虫种类和发生为害时期与移栽稻略有不同。前期稻象甲和稻蓟马、稻飞虱往往造成危害，导致缺苗断垄和僵苗不发；中后期重点防治螟虫、稻飞虱、稻纵卷叶螟、稻瘟病、纹枯病、胡麻斑病等。

第二节　水稻主要病虫害防治技术

一、水稻主要病害防治技术

（一）黑条矮缩病

水稻黑条矮缩病（Rice Black-Streaked Dwar Virus Disease）是由灰飞虱为介体传播的一种病毒病，近几年临沂市发病地块较多。

1. 水稻黑条矮缩病的症状识别

水稻黑条矮缩病的病状特征，在田间很易与除草剂或植物生长调节剂等使用不当引起的药害相混淆。

（1）秧苗期症状

病株颜色深绿，心叶抽生缓慢，心叶叶片短小而僵直，叶枕间距缩短，其叶鞘被包裹在下叶鞘里。植株矮小，不会抽穗。而由除草剂药害引起的是枯黄；由植物生长调节剂药害引起的是扭曲畸形。

（2）分蘖期症状

病株分蘖增多丛生，上部数个叶片的叶枕重叠，心叶破下叶叶鞘而出或从下叶枕口呈螺旋状伸出，叶片短而僵直，叶尖略有扭曲畸形。植株矮小，主茎及早生分蘖尚能抽穗，但穗头难以结实，或包穗，或穗小，似侏儒病。而处于分蘖期的药害病株，其所在叶片均质地刚直，心叶扭曲畸形，边缘白化。

（3）抽穗期症状

全株矮缩丛生，有的能抽穗，但抽穗迟而小，半包在叶鞘里，剑叶短小僵直；在中上部叶片基部可见纵向褶皱；在茎秆下部节间和节上可见蜡白色或黑褐色隆起的短条脉肿；在感病的粳糯稻茎秆上可见白蜡状突起的脉肿斑。这是当前黑条矮缩病的最突出表现症状。

2. 综合防治措施

（1）合理田间作物布局

秧田应尽量选择远离重病田，提倡集中连片育秧，降低秧苗受毒侵染概率。大田尽量做到连片种植，减少插花田和草荒田，阻断灰飞虱传毒发病。

（2）选用抗耐病良种

结合发病调查，寻找抗耐病品种，因地制宜做好选用推广工作。

（3）加强田间管理

秧田应合理平衡施肥，切不可过量使用氮肥，秧苗过嫩过绿，易招诱灰飞虱传毒发病；大田前期一旦发病，应及时拔除病株，进行分墩补栽。

（4）治虫防病，阻断病源传播

水稻苗期及时做好麦田及秧田四周杂草和荒田的灰飞虱防治，阻断媒介昆虫迁移传毒。秧苗2~7叶期是灰飞虱的主要传毒关键期，做好秧田期和大田初期防治灰飞虱是控制黑条矮缩病的关键措施。可用锐劲特（氟虫腈）、扑虱灵（噻嗪酮）、吡虫啉等对灰飞虱进行防治。最好做到统一时间，群防联治，以确保全区与有效控制。

（二）条纹叶枯病

水稻条纹叶枯病是由灰飞虱为媒介传播的病毒病。

1. 为害症状

水稻条纹叶枯病俗称水稻上的癌症。水稻秧苗期至分蘖期最易感病，稻株发病后心叶卷曲发软，老叶条纹状，远看似条心虫为害状，稻株矮化，形似坐棵，病株分蘖减少，发病植株不能抽穗或抽畸形穗，对产量损失较大。

2. 防治对策

综防策略：坚持"预防为主，综合防治"的植保方针，采取"切断毒源，治虫防病"的防治策略，狠治灰飞虱，控制条纹叶枯病。

3. 防治技术

（1）抓好灰飞虱防治

结合小麦穗期蚜虫防治，开展灰飞虱防治，清除田边、地头、沟旁杂草，减少初始传毒媒介。

（2）开展药剂浸种

用吡虫啉药剂浸种（吡虫啉有效成分1克/12.5千克稻种），防效可达50%以上。

（3）突出重点抓好秧苗期灰飞虱防治

小麦、油菜收割期秧田普治灰飞虱，每亩选用锐劲特30~40毫升，兑水30千克均匀喷雾，移栽前3~5天再补治1次。

（4）抓住关键控制大田为害

在水稻返青分蘖期每亩用锐劲特（氟虫腈）30~40毫升，兑水40千克均匀喷雾，防治大田灰飞虱。水稻分蘖期大田病株率0.5%的田块，每亩用2%菌克毒克300毫升兑水40千克均匀喷雾防病，1周后再补治1次。

（三）稻瘟病

稻瘟病属真菌病害，是我国南方稻作区为害最严重的水稻病害之一。与纹枯病、白叶枯病并称水稻三大病害。

1. 水稻被害状诊断

因为害时期、部位不同分为苗瘟、叶瘟、节瘟、枝梗瘟、穗颈瘟、谷粒瘟。

（1）苗瘟

发生于三叶前，由种子带菌所致。病苗基部灰黑色，上部变褐色，卷缩而死，湿度较大时病部产生大量灰黑色霉层。

（2）叶瘟

在整个生育期都能发生。分蘖至拔节期为害较重。由于气候条件和品种抗病性不同，病斑分为4种类型：①慢性型病斑：开始在叶上产生暗绿色小斑，渐扩大为梭形斑，常有延伸的褐色坏死线，病斑中央灰白色，边缘褐色，外有淡黄色晕圈，叶背有灰色霉层，病斑较多时连片形成不规则大斑，这种病斑发展较慢；②急性型病斑：在感病品种上形成暗绿色近圆形或椭圆形病斑，叶片两面都产生褐色霉层，条件不适应发病时转变为慢性型病斑；③白点型病斑：感病的嫩叶发病后，产生白色近圆形小斑，不产生孢子，气候条件有利于其扩展时，可转为急性型病斑；④褐点型病斑：多在高抗品种或老叶上，产生针尖大小的褐点只产生于叶脉间，较少产孢，该病在叶舌、叶耳、叶枕等部位也可发病。

（3）节瘟

常在抽穗后发生，初在稻节上产生褐色小点，后渐绕节扩展，使病部变黑，易折断。发生早的形成枯白穗。仅在一侧发生的造成茎秆弯曲。

（4）穗颈瘟

初形成褐色小点，放展后使穗颈部变褐，也造成枯白穗。发病晚的造成秕谷。枝梗或穗轴受害造成小穗不实。

（5）谷粒瘟

产生褐色椭圆形或不规则斑，可使稻谷变黑。有的颖壳无症状，护颖受害变褐，使种子带菌。

2. 发病条件

病菌以分生孢子和菌丝体在稻草和稻谷上越冬。翌年产生分生孢子借风雨传播到稻株上，萌发侵入寄主向邻近细胞扩展发病，形成中心病株。病部形成的分生孢子，借风雨传播进行再侵染。适温高湿，有雨、雾、露存在条件下有利于发病。最适温度26~28℃、相对湿度90%以上。孢子萌发须有水存在并持续6~8小时。阴雨连绵，日照不足或时晴时雨，或早晚有云雾或结露条件，病情扩展迅速。偏施过施氮肥有利于发病。放水早或长期深灌根系发育差，抗病力弱发病重。

3. 防治时期

防治水稻苗瘟、叶瘟：主要抓住在发病初期用药；本田从分蘖期开始，如发现发病中心或叶片上有急性病斑，即应打药防治。预防穗瘟，必须抓住三个关键，才能取得好的防治效果。一是抓住水稻破口抽穗期施第一次药。对前期苗瘟、叶瘟发病田，易感病品种，常发病区，在齐穗期再补施第二次药。二是选准对路药剂，用足剂量。对前期苗瘟、叶瘟发病田，用30%克瘟散100毫升或40%稻瘟灵100毫升加75%三环唑20克，其他田块用75%三环唑20克预防。三是统防统治，群防群治，封锁疫情。避免你防他不防，造成稻瘟病仍然蔓延流行。

4. 防治方法

（1）因地制宜选育和合理利用抗病良种

注意品种合理配搭与适期更替，加强对病菌小种及品种抗性变化动态监测。

（2）减少菌源，实行种子消毒

用20%三环唑1000倍液浸种24小时，并妥善处理病秆，尽量减少初侵染源。

（3）抓好以肥水为中心的栽培防病

提高植株抵抗力，做到施足基肥，早施追肥，中期适当控氮制苗，后期看苗补肥。用水要贯彻"前浅、中晒、后湿润"的原则。

（4）加强测报，及时喷药控病

苗瘟、叶瘟可防可治，而穗瘟却只能施药预防，一旦发病，就无药可治，损失不可挽回，只能"望病兴叹"。

（5）化学防治

①三环唑：秧苗每亩用20%三环唑可湿性粉剂50克，大田每亩用20%三环唑可湿性粉剂100克或每亩用40%三环唑可湿性粉剂40克，加水50~60千克喷雾；②稻瘟灵：每

亩用 40%稻瘟灵（富士 1 号）乳油 100 毫升加水 50~60 千克喷雾；③异稻瘟净：每亩用 40%异稻瘟净乳油 150~200 毫升加水 50~60 千克喷雾；④春雷霉素（加收米）：亩用 2%春雷霉素液剂 75~100 毫升加水 50~60 千克喷雾；⑤50%多菌灵浸种兼防水稻恶苗病、稻叶鞘腐败病等；⑥稳可停（60%硫黄三环唑），10 克兑水 15 千克高效防治苗瘟、叶瘟、穗颈瘟。预防稻瘟病的药剂可与防治水稻二代螟虫（俗称钻心虫）的药剂现配现用在水稻破口抽穗期施药，兼治病虫。

二、水稻主要虫害防治技术

（一）二化螟、三化螟

二化螟是我国水稻上为害最为严重的常发性害虫之一，为害水稻，在苗期造成枯心、孕穗期造成枯孕穗，抽穗期造成白穗。

1. 为害症状

幼虫钻蛀稻株，因为害部位和水稻生育期的不同，初孵幼虫先群集叶鞘内取食内壁组织，造成枯鞘，若正值穗期可集中在穗苞中为害造成花穗；二龄后开始蛀入稻茎为害，分蘖期造成枯心，孕穗期造成枯孕穗，抽穗期造成白穗，成熟期造成虫伤株。同一卵块孵化的不同幼虫或同一幼虫的转株为害常在田间造成枯心团、白穗团。幼虫常群集为害，钻蛀孔圆形，孔外常有少量虫粪；一根稻秆中常有多头幼虫，多者可达几十上百头，受害秆内虫粪较多。

2. 发生规律

一年发生 3~4 代，幼虫在稻根中越冬。常年第 1、2 代发生量少，第 3、4 代发生量增加，对连作晚稻威胁较大；发生量大的年份第 2 代集中小面积的单季中、晚稻及迟熟早稻。成虫多在晚间羽化，趋光性强，羽化后 3~4 天产卵最多，每次产卵 2~3 块，每块卵 1 代平均 39 粒，2 代 83 粒；喜选择植株较高、剑叶长而宽、茎秆粗壮、叶色浓绿的稻株产卵。卵产于叶片表面。蚁螟（初孵幼虫）多在上午孵化，之后大部分沿稻叶向下爬或吐丝下垂，从心叶、叶鞘缝隙或叶鞘外蛀入，先群集叶鞘内取食内壁组织，造成枯鞘；二龄后开始蛀入稻茎为害，造成枯鞘、枯心、白穗、花穗、虫伤株等症状。幼虫有转株为害习性，在食料不足或水稻生长受阻时，幼虫分散为害，转株频繁，为害加重。幼虫老熟后多在受害茎秆内（部分在叶鞘内侧）结薄茧化蛹，蛹期好氧量大，灌水淹没会引起大量死亡。天敌对抑制二化螟发生有较大作用。

3. 防治方法

采取"防、避、治"相结合的防治策略，以农业防治为基础，在掌握害虫发生期、发生量和发生程度的基础上合理施用化学农药。

（1）农业防治

主要采取消灭越冬虫源、灌水灭虫和避害、利用抗虫品种等措施。

（2）化学防治

仍然是当前最为重要的二化螟防治措施，为充分利用卵期天敌，应尽量避开卵孵盛期用药，一般在早、晚稻分蘖期或晚稻孕穗、抽穗期螟卵孵化高峰后5~7天，枯鞘丛率5%~8%或早稻每亩有中心为害株100株或丛害率1%~1.5%或晚稻为害团高于100个时用药。可每亩用10%甲维盐·三唑磷60毫升+5%阿维菌素20毫升，兑水50~75千克喷雾。

（3）用药要点

①防治枯心的适期：发生量一般的年份，防治1次的在螟卵孵化高峰前1~2天到孵化高峰期。发生量大的年份，防治2次的第一次在螟卵孵化始盛期，隔6~7天用第二次；②预防白穗的适期：螟卵盛孵期内已抽穗而未齐穗的，在螟卵开始盛孵时用药；尚未抽穗的，等到5%~10%破口时用药。

（二）稻纵卷叶螟

近年来，稻纵卷叶螟已成为水稻上的主要害虫，是一种远距离迁飞性害虫，稻纵卷叶螟的发生程度取决于外来虫源，如当年降雨较多，稻纵卷叶螟迁入量应较前一年偏高，气象条件对稻纵卷叶螟迁入、转移与繁殖非常有利，而且在7月底至8月初有一次迁入高峰。

防治方法：可用杜邦康宽悬浮剂每亩5~10毫升或15%阿维·毒乳油每亩70~100毫升兑水40~50千克均匀喷雾。（25%冷酷微乳剂150克/亩或20%阿维·氟酰胺悬浮剂20~30毫升/亩兑水40千克效果亦佳）。

（三）灰飞虱

灰飞虱属同翅目飞虱科昆虫，主要为害水稻，还能为害小麦、大麦、玉米等禾本科作物，取食看麦娘、游草、稗草、双穗雀稗等禾本科杂草。为害水稻时，成虫和若虫群聚在稻株下部取食为害，用刺吸式口器刺进稻株组织，吸食养分。雌虫还用产卵器刺破茎秆组织，为害稻茎，初期在表面呈现许多不规则的长条形棕褐色斑点，严重时稻茎下部变成黑褐色，易倒伏、枯死。分蘖期受害，影响稻株生长。抽穗后被害，影响灌浆，千粒重降低，瘪谷率增加，造成严重减产。灰飞虱不仅直接对作物造成危害，而且还可传播多种植物病毒病，可传播玉米粗缩病、水稻条纹叶枯病、水稻黑条矮缩病、小麦丛矮病和小麦条纹叶枯病等多种病毒病，传播病害的危害远远大于直接危害。其中，玉米粗缩病和水稻条纹叶枯病分别是玉米和水稻的灾害性的病害。玉米粗缩病病株仅有少数可结雌穗，但穗极小，因此，发病株基本无产量。水稻条纹叶枯病，发病早发病重的植株形成"假枯心"，不能抽穗，而发病较晚的病株抽穗不良或穗畸形不结实，因而对产量影响也极大。这两种病害与灰飞虱发生密度有密切关系，灰飞虱密度愈大，病害发生愈重。

1. 发生规律

灰飞虱一年发生 4~5 代。若虫在田边杂草丛中、稻麦根茬及落叶下越冬，以背风向阳、温暖潮湿处最多。12 月至翌年 2 月最冷时若虫钻入土缝泥块下不动。3 月开始活动，由越冬场所迁到已萌芽的草地和麦田。一般情况下一年有春季和秋季两次数量高峰。灰飞虱属于温带地区的害虫，耐低温能力较强，对高温适应性差。其生长发育的适宜温度在 25℃左右。冬季低温对越冬若虫影响不大，不会造成大量死亡，而夏季高温干旱对其发生极为不利。若春季气温偏高，夏季气温偏低，秋季和冬季气温偏高的情况下，利于灰飞虱的发生。近年来气候变暖，特别是冬季明显变暖，春、秋季气温较高，加长了繁殖期，冬季气温偏高有利于越冬，但夏季气温未明显升高，夏季死亡率降低，均利于灰飞虱发生。

2. 防治措施

（1）灰飞虱发生密度较高的地区

一是全面集中统一防治灰飞虱，早播玉米、套播玉米、夏直播玉米和稻田及秧田都要防治，以降低灰飞虱密度，防止再次传毒。一次防治密度仍然较高的要再次组织防治。防治药剂、持效性较好的有锐劲特（氟虫腈）、吡虫啉等，速效性较好的有异丙威、仲丁威、敌敌畏等。可每亩用 10% 吡虫啉 15~20 克喷雾防治，同时注意田边、沟边喷药防治。捕虱灵仅对灰飞虱若虫有效，对成虫无效，不提倡使用。二是防治水稻条纹叶枯病和水稻黑条矮缩病，应采取重点消灭传毒昆虫灰飞虱，辅以喷洒抗病毒药剂的防治策略。水稻移栽前要剔除病苗弱苗，栽前栽后要普遍各进行一次防治。可每亩用 10% 吡虫啉 15~20 克喷雾防治灰飞虱。杀虫剂与病毒抑制混合使用，可每亩用 10% 吡虫啉可湿性粉剂 20 克+病毒清或病毒克或病毒 A 或植病灵 2 号 30~50 克（毫升）兑水 40 千克两种药剂混合喷雾防治，注意喷洒近稻田地边杂草。

（2）灰飞虱发生密度较低的地区

要以灰飞虱适宜发生地作为防治重点，进行全面集中统一防治灰飞虱，如大蒜、马铃薯等为前茬的玉米以及稻区的玉米和水稻要重点进行防治。发病重的玉米地块也应及早采取翻种或改种措施。

第八章 经济作物生产技术

第一节 大豆栽培技术

一、大豆轮作和土壤耕作

（一）轮作倒茬

大豆对前作要求不严格，凡有耕翻基础的谷类作物、马铃薯、蓖麻以及甜菜等经济作物，都是大豆适宜的前作。大豆不宜重茬、迎茬，也不宜在其他豆类作物之后种植。大豆切忌与向日葵轮作，以防止菌核病发生。一般情况下，大豆重茬减产 20%～30% 或更多，迎茬减产 10%～20%。重茬、迎茬减产原因主要有以下几个方面：

1. 加重病虫害的危害

大豆重茬、迎茬细菌性斑点病、大豆孢囊线虫病、黑斑病、立枯病、菌核病等病害更易蔓延危害，其次是危害大豆的和食心虫、蛴螬等也易繁殖危害，从而造成减产。

2. 土壤养分偏耗

大豆需氮、磷较多，重迎茬地往往表现磷不足，重迎茬后土壤中有效磷含量减少 2%～16%，造成土壤中氮磷比例失调，影响重茬、迎茬大豆的生长发育。

3. 分泌物的危害

大豆在生长发育过程中，根系和微生物分泌呈酸性反应的生物化学物质，并形成一些有毒物质如亚铁盐等遗留在土壤中，使大豆正常营养代谢受到影响，根系发育不良，支根较正茬大豆减少 28%，根瘤菌活动能力减弱，根瘤数减少 30% 以上，植株生长发育受到抑制，导致减产。

通常大豆的主要轮作方式有：大豆—玉米—杂粮（或马铃薯）；大豆—杂粮（经济作

物)—小麦—玉米；小麦—小麦—大豆。大豆面积以不超过粮、豆、薯面积的 30% 为宜，以实现三年以上轮作。

（二）土壤耕作

大豆的根系入土较深，通常可达 60~80cm，根系着生根瘤，因此大豆要求土壤熟土层较深，容重不超过 $1.2g/cm^3$，既要通气良好，又要蓄水保肥，地面平整，土壤细碎。

1. 垄作大豆土壤耕作

无深耕基础的麦茬，秋翻后整平耙细起垄，有深耕基础的麦茬，清理麦茬起垄，起垄方法是破土深度 10~15cm，起垄后镇压垄台，以待播种。有深耕基础的玉米茬原垄种大豆，要早春进行清茬耙耢，捡净茬子，耕平茬坑，防止跑墒，以利保苗。

2. 平作大豆土壤耕作

无深耕基础的前作，要进行秋翻地，耕深 15~20cm 以上，耕翻后随即耙地整平。有深耕基础的麦茬，要进行伏翻或伏耙茬，复种下茬作物或休闲，来年春播大豆；玉米茬要进行秋清茬耙耢，捡净茬子。耙深 10~15cm，耙细整平，无暗坷垃，达到播种状态。春整地时，因春风大，易失墒，应尽量做到耙、耕、播种、镇压连续作业。

3. "三垄"栽培法土壤耕作

"三垄"指的是垄底深松、垄体分层施肥、垄上双行精量点播。这种方法比常规栽培法平均增产大豆 30%~40%。

"三垄"栽培法采用垄体、垄沟分期间隔深松，即垄底松土深度达耕层下 8~12cm，苗期垄沟深松 10~15cm。在垄体深松的同时，进行分层深施肥。当耕层为 22cm 以上时，底肥施在 15~20cm 处；耕层 20cm 时，底肥施在 13~16cm 处。种肥深度在 7cm 左右。播种时，开沟、施种肥、点籽、覆土、镇压一次完成，种肥与种子之间需保持 7cm 左右的间距。

"三垄"栽培法具有明显的增温、蓄水防涝、抗旱保墒、提高肥效、节省用种的优点，增产效果显著。

二、大豆播种与合理密植

（一）播前准备与种子处理

1. 种子准备

选用适宜当地的优良品种，要求种子纯度高于 98%，发芽率高于 85%，含水量低于

13%。并做好种子精选，去掉病粒、虫食粒、碎粒、碎半粒、混种粒等，使种子净度达到98%以上。

2. 药剂拌种

为防止大豆根腐病，用50%的多菌灵拌种，用药量为种子量的0.3%。地下害虫严重的地区，用50%的辛硫磷800倍液拌种，阴干后播种即可，或用35%的多克福种衣剂进行包衣（药种比1∶75），同时可防治大豆孢囊线虫及根潜蝇。

3. 根瘤菌剂拌种

通常每公顷用根瘤菌剂3.75kg，加水搅拌成糊状，均匀拌在种子上，拌种后不能再混用杀菌剂。接种后的豆种要严防日晒，并需在24h内播种完毕，以防菌种失去活性。

（二）播种期

适期播种产量高，品质好，含油率高。春播大豆，一般在播种层土壤5cm深地温稳定通过8℃时，即可进行播种。播种过晚，不利于前期积温的利用，造成生育进程延迟，不能正常成熟。北方大豆主产区十年九春旱，错过适宜墒情，种子容易落干、造成缺苗断垄或出苗不齐。一个地区的大豆具体播种时间，还要视大豆品种生育期长短、土壤墒情状况而定。

（三）播种方法

1. 垄上精量机械点播

采用精量播种机进行垄上单、双行等距精量点播，双行间的间距10~12cm，垄距66~70cm。

2. 等距穴播

采用穴播机穴播，行距70cm，穴距15~18cm不等，视种植密度而定，每穴留3~4株；人工点播一般采用穰耙开沟，人工点播。等距穴播可以改善植株通风透光条件，利于大豆生长发育，可比70cm双条播增产10%。穴播宜选用高大繁茂，分枝性强的类型。

3. 窄行平播

等行距45~50cm，实行播种、镇压连续作业。

4. "三垄"栽培播种法

机械将深松、施肥和播种三项作业一体化，可使用2BJGL-2（6、12）小、中、大三种型号系列配套联合播种机，或2BDY-6调整气力精密播种机进行深松、施肥和播种作业。行距 70cm、苗带宽 12~18cm，进行垄上双行点播。

无论何种播法，均要求覆土 3~5cm。过浅种子易落干；过深，子叶出土困难。

（四）种植密度与播种量

在大豆单位面积产量的四个构成因素中，以单位面积株数对产量的影响最大，它是产量构成因素中最活跃的因素，该因素是由种植密度决定的。

1. 合理密植的原则

种植密度要根据一个地区的土壤肥力、品种特性、温度条件以及播种方式等确定，合理密植原则是：肥地宜稀，瘦地宜密；晚熟品种宜稀，早熟品种宜密；早播宜稀，晚播宜密；气温高的地区宜稀，气温低的地区宜密；植株高大，分枝型品种宜稀；植株矮小，独秆型品种宜密。合理密植的群体指标是：当大豆植株生长最繁茂的时候，群体最大叶面积指数不宜超过 6.0，且有较长的稳定期。

2. 大豆适宜的密植幅度

北方春播大豆区每公顷保苗 20 万~30 万株，在同一地区，由于地理条件不同以及大豆品种的株型不同等，适宜种植密度也各异。

3. 播种量

播种量按下列方法计算：

$$每公顷播量(kg) = \frac{每公顷留苗株数 \times 百粒重}{净度(\%) \times 发芽率(\%) \times 100000} \times (1 + 田间损失率) \quad (8-1)$$

田间损失率主要指间苗及苗期病虫害损失，一般病虫害损失为 0.1%~0.3%，人工间苗损失为 0.2%~0.3%。

三、大豆需肥特性与施肥

（一）大豆的需肥量

大豆需肥量与产量水平、品种特性、施肥量、土壤肥力等密切相关。在高产栽培条件下，每生产 100kg 籽粒需吸收 N 为 8.71kg，P_2O_5 为 2.10kg，K_2O 为 3.49kg。大豆需肥量可作为指导大豆施肥的依据。

（二）大豆根瘤固氮作用

一般生产条件下，一季大豆根瘤固氮近 100kg/hm^2，根瘤固氮能供给大豆氮素需要量的30%左右，适宜条件下可达40%~60%。大豆根瘤菌每固定一个氮分子需15个三磷酸腺苷分子。因此当土壤养分不足时，大豆与根瘤菌之间会竞争养分，影响共生关系，所以施肥不单纯是供给大豆植物营养，也促进了根瘤菌的发育，改善大豆与根瘤菌的共生关系，提高大豆产量。

（三）大豆的需肥规律

1. 氮素营养

氮是组成蛋白质、叶绿素和各种酶的主要成分。氮素供应不足，叶绿素含量降低，光合作用减弱，同时光合作用减弱使蛋白质的合成受阻。缺氮的大豆叶片黄绿色，生长滞缓，花荚脱落，粒小粒瘪，产量锐减，故大豆的生产水平取决于氮的供应状况。

大豆氮素的代谢和积累是苗期少后期多，各生育期氮的吸收量，苗期至分枝期约为15%，分枝期至开花期约为14.6%，盛花至结荚期约为28.2%，鼓粒期为24.0%，即70%~80%的氮是在开花至鼓粒期积累的。大豆的氮素来源有三个方面，一是土壤固有的氮，约占大豆积累总氮量的23%~30%；二是肥料氮，约占总氮量的10%~30%；三是共生固氮，约占总氮量的40%~60%。

2. 磷素营养

磷是大豆合成蛋白质、脂肪不可缺少的元素，是核酸、磷脂等多种成分的组成元素。磷可以增强大豆植株生长发育和叶片的同化作用，促进结荚鼓粒期大豆植株各器官的营养物质向结实器官运转，提高结实器官蛋白质的积累速率，还是大豆结瘤固氮必需的元素，可以增加结瘤量，提高共生固氮率。当环境中有效磷的供应不足时，大豆的叶片小而上举，叶色暗绿茎秆红褐色，花少粒小。

大豆不同时期对磷的吸收量不同，苗期至初花期占17%，开花至鼓粒期占70%，鼓粒至成熟期占13%，即2/3以上是在开花以后吸收积累的。根系吸收的磷在大豆植株不断运转分配，优先满足根系需求，再运转到其他器官，生长最旺盛的器官是磷分配最多的部位。

3. 钾素营养

大豆缺钾的典型症状是苗期叶色暗绿，叶片小，根系呈铁锈色，幼苗生长缓慢，开花期中下部叶片边缘出现淡黄绿色斑块，逐渐向内扩大，叶边缘部分干枯坏死，进入结荚期上部新生叶片呈现黄白色斑块状，成熟期则表现为百粒重显著降低。研究表明，出现大豆典型缺钾症状的田间土壤耕层有效钾含量低于50mg/kg，大豆叶片钾的浓度低于0.6%。

4. 大豆对中量元素和微量元素的吸收

大豆除主要吸收氮、磷、钾三要素外，吸收的中量元素钙、镁、硫较多，微量元素主要有铁、锰、锌、钼、硼。

（1）钙

土壤 pH 值在 5 以下时，大豆根系伸长受阻且难结根瘤，必须施钙矫正。H^+ 浓度大，即使施入大量的氮、磷和一些微量元素，也很难被根系所吸收和利用。施钙可以提高氮、磷的利用率。

（2）镁

施镁极显著地促进大豆对氮、钾的吸收，对磷的吸收也有促进作用。结荚期测定镁能使大豆光合速率提高 3.4%～8.8%，施镁可提高大豆籽粒的蛋白质含量。每公顷施用含有 10%氧化镁的镁肥 7.5kg，可提高大豆产量 13.3%。

（3）硫

大豆是喜硫作物之一，它与根系结瘤、固氮和籽粒中半胱氨酸、蛋氨酸的含量有很大关系，缺硫会阻滞蛋白质的合成。从提高大豆营养价值来说，增施硫肥应当受到重视。

（4）铁

大豆缺铁过氧化物酶活性降低，叶绿素 b 含量减少，功能叶的硝酸还原酶活性下降。铁是固氮酶—钼铁蛋白酶的成分，缺铁影响根瘤固氮作用。目前生产上施用的铁肥主要是硫酸亚铁，一般叶面喷施常用浓度为 0.3%～0.5%。

（5）锰

大豆对缺锰比较敏感，在施磷肥的基础上施锰肥，根瘤活性和固氮量普遍有所提高。试验表明，在石灰性反应的土壤上，每公顷施硫酸锰 45kg 做种肥，平均增产 5.8%。

以硫酸锰做基肥，一般用量 15～60kg/hm²，叶面喷施可用 0.05%～0.2%的硫酸锰溶液；用于拌种，每 1kg 种子用硫酸锰 4～8g，先以水溶解后与种子拌匀，晾干后播种即可。

（6）锌

大豆属于对锌敏感作物，在缺锌土壤上施用锌可以收到极显著的增产效果。当施磷增加时，缺锌症状加重，锌肥与氮、磷肥配合施用，可以获得更大的增产效果。

叶面喷施硫酸锌的浓度为 0.01%～0.05%，花荚期喷施均有明显的增产效果。

（7）钼

钼作为固氮酶的组成成分之一，用于大豆拌种被证实是能够增加根瘤重量和提高固氮酶活性的。但大豆籽粒和秸秆中含钼量超过 40mg/kg，即失去食用和饲用价值。故施钼要适量。

钼肥用于拌种，每1kg种子用钼酸铵2~5g。叶面喷施常用浓度为0.1%的钼酸铵溶液，每公顷用液量375~750kg。

（8）硼

施硼肥有明显增产作用，硼砂每公顷3.75kg做基肥，比对照增产9.3%。硼肥须慎用，土施硼肥量一般为1~3kg/hm²，超过4kg/hm²易引起作物中毒。叶喷浓度一般为0.1%~0.3%水溶液，以苗期至开花期喷施为好，每公顷施硼量0.75~3.0kg。

（四）大豆的施肥技术

1. 基肥

增施有机肥做基肥，是保证大豆高产、稳产的施肥基础。有机肥营养齐全，肥效长。分解后产生有机酸，溶解不可给态养分转化为可给态供大豆吸收，且可改善土壤物理性质。

有机肥用量要依土地肥力、肥质和前作施肥多少而定，一般每公顷施用优质有机肥30~37.5t，可基本保证土壤有机质含量不下降。有机肥最好与适量的氮磷化肥混合施入，有机肥在分解中产生的CO_2和有机酸有助于磷的溶解，便于吸收。

2. 种肥

最好以磷酸二铵做种肥，每公顷用量120~150kg，硫酸钾或氯化钾每公顷用量75kg左右。春播大豆区，为使大豆苗期早发，可以施少量氮为"启动肥"，每公顷施入尿素52.5~60kg；如与其他磷肥配合施用，要注意氮、磷配合比例以1∶3为宜。幼苗到开花磷的吸收量虽少，但对磷较敏感，缺磷会使大豆营养器官生长和生殖生长受到抑制，即使后期补给也难以恢复，所以磷必须做种肥或底肥施用。种肥施用要注意肥、种分离，以免烧苗，深施效果最佳。

经过对土壤微量元素丰缺状况分析，如微量元素缺乏，在大豆播种前，可以用微量元素拌种。用量如下：

钼酸铵拌种：用30g钼酸铵加水1kg，待完全溶解后与50kg种子均匀混拌，阴干后播种。

硼砂拌种：每千克种子用0.4g，首先将硼砂溶于16ml热水中，然后与种子均匀混拌。

硫酸锌拌种：每千克种子用4~6g，拌种用液量为种子重量的0.5%。

3. 追肥

试验证明，大豆开花初期追氮肥，有显著增产效果。土壤肥力低或大豆生长瘦弱，封垄困难地块追肥效果更好。施肥方法是，在大豆开花初期或耥最后一遍地时，按每公顷施尿素 30~75kg 的用量，将尿素撒在大豆植株的一侧，随即耥地中耕培土。

为防止大豆鼓粒期脱肥，可在鼓粒初期进行根外追肥。先将化肥溶于 300kg 水中，过滤之后喷洒在叶面上。可供叶面喷施的化肥及用量：尿素 7.5kg/hm^2，磷酸二氢钾 1.2kg/hm^2，钼酸铵 150g/hm^2、硼砂 1500g/hm^2、硫酸锰 750g/hm^2、硫酸锌 3000g/hm^2。以上几种化肥可以混合用，也可单用，可根据需要而定。

四、大豆需水与灌溉

（一）大豆的需水量

大豆属于需水较多的作物，蒸腾系数为 580~744，最大值高达 1000。在我国北方非灌溉条件下，大豆的产量主要受全年特别是大豆生育期间降水量的制约。在温度正常的情况下，大豆生长的 5 月份至 9 月份，各月份"理想的"的降水量分别应为 65mm、125mm、190mm、105mm 和 60mm。

（二）大豆的灌溉

当大豆叶水势为 -1.2~-1.6MPa 时，气孔关闭，当土壤水势小于 15kPa 时，就应进行灌溉。土壤水势下降到 -0.5MPa 时，大豆的根就会萎缩。土壤水分状况是决定是否需要灌溉的重要依据。大豆不同生育时期适宜土壤含水量的范围是（占田间最大持水量的%）：幼苗期为 60%~65%，分枝期为 65%~70%，开花结荚期为 70%~80%，鼓粒期为 70%~85%，成熟期为 65%。

在我国春大豆区，即使在高温多雨季节也会有短暂的干旱天气。在大豆生育期间，如有灌溉条件，应视降水多少和大豆不同生育时期的需水量，确定适宜的灌溉制度进行灌溉。当土壤的田间持水量已下降到上述指标的下限时，就应当及时进行灌溉。

分枝期营养生长开始进入旺盛时期，保持大豆对水分的需求，可促进分枝生长及花芽分化。大豆开花结荚期，是大豆生长最旺盛时期，耗水量已达最高阶段，出现干旱，有灌溉条件时应及时灌溉。此期遇旱灌溉可增产 10%~20%，旱情严重时灌溉则可增产 50% 或更多。鼓粒初期需水量达到高峰，缺水将会影响籽粒的正常发育，减少荚数和粒数。鼓粒中后期需水量渐减，但对水分反应却更加敏感，缺水粒重明显降低。只有适宜的土壤水分，才能提高结实率，增加荚数、粒数和粒重，从而提高产量，改进品质。

第二节　马铃薯栽培技术

一、轮作整地及施肥

（一）轮作换茬

为了有效地利用土壤肥力和预防土壤和病株残体传播的病虫害及杂草，马铃薯应实行3年以上轮作。马铃薯轮作周期中，不能与茄科作物、块根、块茎类作物轮作，因为这类作物多与马铃薯有共同的病害和相近的营养类型。大面积生产马铃薯适合与禾谷类作物轮作，以谷子、麦类、玉米、高粱、大豆等茬口为宜。在城郊、矿区以及庭院作为蔬菜栽培时，最好的前茬是葱、芹菜、大蒜等。马铃薯是中耕作物，经多次中耕作业，土壤疏松肥沃，杂草少，是多种作物的良好前茬。

（二）深耕整地

马铃薯的收获产品是地下的块茎，为获得高产，必须使土壤中水、肥、气、热等条件良好，土壤疏松，通透性好。深耕整地是调节土壤中水、肥、气、热的有效措施，马铃薯地宜秋深耕，并结合秋施有机肥，播前精细耙糖，这样不仅可以促进土壤熟化，提高地温，消灭病虫和杂草，同时也能提高土壤的透气性和保肥蓄水能力，耕地深度一般以15~20cm为宜。采用深松耕法，一般翻耕深度为15~18cm，深松25~35cm。采用深松耕法马铃薯产量比普通机耕法增产10%左右，深耕整地是马铃薯增产的重要一环。

（三）深施底肥和种肥

马铃薯是高产喜肥作物，合理施肥是提高马铃薯产量的关键措施。马铃薯施肥应以有机肥为主，化肥为辅；基肥为主，追肥为辅，氮磷钾配合使用的原则，一般基肥占需肥总量的80%左右，施肥方法分基肥、种肥和追肥三种。基肥充足时，一般将基肥总量的2/3结合耕翻整地入耕层，每公顷施用量为20~30t。其余部分与化肥混合做种肥在播种时沟施或穴施，一般每公顷施腐熟的羊粪或猪粪10t左右。化肥做种肥，以氮、磷、钾配合施用效果最好。每公顷用尿素 75~112.5kg，过磷酸钙 450~600kg，草木灰 375~750kg 或硫酸钾 375~450kg，增产明显。

二、播 种

（一）选用优良品种和优质脱毒种薯

选用优良品种首先要以当地无霜期长短、耕作栽培制度、栽培目的为依据。为了充分利用生长季节和天然降水，要因地制宜地选择耐贮藏的中熟或中晚熟品种。还应适当搭配部分早熟或中早熟品种，以适应早熟上市或间、套作与复种的要求，或供应二季作地区所需种薯的要求。作淀粉加工原料时应选择高淀粉品种；作炸薯条或薯片原料时应选择薯形整齐、芽眼少而浅、白肉、还原糖含量低的食品加工专用型品种。其次应根据当地生产条件、栽培技术选用耐旱、耐瘠或喜水肥抗倒伏的品种。另外还要根据当地主要病害发生情况选用抗病性强、稳产性好的品种。不管做何用途，均应选用优质脱毒种薯。生产实践证明，采用优质脱毒种薯，一般可增产30%，多者可成倍增产。

（二）播前种薯准备

1. 种薯出窖与挑选

种薯出窖的时间，应根据当时种薯贮藏情况、预定的种薯处理方法以及播种期等三方面结合考虑。

如果种薯在窖内贮藏得很好，未有早期萌芽情况，可根据种薯处理所需的天数提前出窖。采用催芽处理时，须在播前40~45天出窖。如果种薯贮藏期间已萌芽，在不使种薯受冻的情况下，尽早提前出窖，使之通风见光，以抑制幼芽继续徒长，并促使幼芽绿化坚韧，以降低种芽植伤率。

精选种薯应选择具有本品种特征，表皮光滑、柔嫩、皮色鲜艳、无病虫、无冻伤的块茎作种。

2. 催芽

刚出窖的块茎，可能处于休眠状态，立即播种出苗缓慢而不整齐，因此必须进行催芽晒种促进种薯解除休眠，催芽方法有以下几种：出窖时若种薯已萌芽，将种薯平铺于光亮室内，使之均匀见光，当芽变绿时，即可切块播种；也可以进行层积催芽，将种薯与湿沙或湿锯屑等物互相层积于温床中，先铺沙 3~6cm，上放一层种薯，再盖沙没过种薯，如此

3~4 层后，表面盖 5cm 左右的沙，并适当喷水保湿，在 10~15℃ 的条件下，促使幼芽萌发，芽长 1~3cm，即可切块播种；室内催芽应将种薯置于明亮室内，平铺 2~3 层，每隔 3~5 天翻动一次，使之均匀见光，大约经过 40~45 天，幼芽长至 1~1.5cm，堆放在背风向阳处晒 5~7 天，即可切块播种。

3. 种薯切块

切块时应特别注意选用健康的种薯，切块大小要适当，若生产技术水平较高，投入多，则可切得块大一些，相反可切得小一些。一般以不小于 20~30g 为宜。每个切块带 1~2 个芽眼，便于控制密度。

4. 小整薯作种

采用整薯播种，可避免切刀传病，减轻发病率，能最大限度地利用种薯的顶端优势和保存种薯中的养分、水分，抗旱能力强，出苗整齐健壮，生长旺盛，结薯数增加，增产幅度可达 17%~30%。此外还可节省切块用工和便于机械播种，还可利用失去商品价值的幼嫩小薯。小整薯的大小，一般以 20~50g 健壮小整薯为宜。

（三）播种期

当 10cm 处土温稳定在 7~8℃ 时，就是北方作区春播的适宜播种期。

（四）播种方法

1. 播上垄

把种薯播在垄台上或是与地面相平处，易涝地区应采用此法。其特点是：土温高，能促使提早出苗，苗齐、苗壮。常用的播上垄的方法有原垄开沟种和扣种等方法。

2. 播下垄

种薯播在垄沟内，春旱出现频率高的地区，常采用此法。其特点是：保墒好，利于幼苗发育，土层深厚利于结薯，易于在播种同时施入大量有机肥做种肥，但覆土不宜过厚，以免土温较低，影响出苗速度。

3. 平播后起垄

在上年秋翻秋耙平整的地块上，一般可采用平播后起垄的播种方法，多采用双行播种机播种、施肥、覆土、起垄同时进行。

播种后覆土厚度应视气候、土壤条件、种薯大小而定，过深过浅都不适宜，一般为 7~8cm，小种薯做种或在黏重而潮湿的土壤应适当浅播，大薯块做种、或在沙壤土上播种、或春旱严重时，可酌情增加覆土厚度并结合糖实，一般不能超过 14cm。

三、合理密植

（一）马铃薯的产量结构

马铃薯的产量是由单位面积上的株数与单株结薯重量构成。单位面积上的株数是由种植密度决定的，而单株结薯重量则是由单株结薯数和平均薯块重量决定的，单株结薯数又由单株主茎数和平均每主茎结薯数决定的。单位面积产量具体可用下式表示：

每公顷产量＝每公顷株（穴）数×单株（穴）结薯重（单株结薯重＝单株结薯数×平均薯块重；单株结薯数＝单株主茎数×平均每主茎结薯数）　　　　　　　　　　　(8-2)

由上述马铃薯的产量构成因素可看出，单位面积上主茎数多，平均每主茎上结薯数多和平均薯块重量高，则单位面积上块茎产量也高。

（二）合理密植的原则

马铃薯合理密植应依品种、气候、土壤、栽培措施及栽培方式等条件而定。晚熟品种或单株结薯数多的品种、整薯或切大块作种、土壤肥沃或施肥水平高、高温高湿地区或有灌溉条件的地区等，种植密度宜稍稀；早熟品种或单株结薯数少的品种、种薯切块较小、土壤瘠薄或施肥水平低、干旱低温地区或无灌溉条件的地区等，由于单株生长量不够，株小叶面积小，均不利于发挥单株生产潜力，种植密度宜适当加大，靠群体来提高产量。

（三）马铃薯适宜的密度范围

中熟或中晚熟品种，在水浇地上每公顷以 54 000～67 500 株为宜；旱地每公顷以 67 500～75 000 株为宜。大垄双行的垄距为 80cm，双行间距 25cm，株距 23～25cm，每公顷种植 54 000～78 000 株；宽窄行的宽行距 70cm，窄行距 30cm，株距 30cm，每公顷种植 54 000 株左右。

第三节　甜菜栽培技术

一、选地与轮作

（一）选地

甜菜生长期长，产量高，需肥多，而且所需肥料的 2/3 以上靠土壤供给；甜菜根系发达，分布深广。因此，适宜生长在地势平坦、排水良好、耕层深厚、松紧度适宜、通透性良好、养分含量丰富的土壤上，一般要求 0~20cm 土层有机质 1% 以上，全氮 0.9g/kg 左右，水解氮 50mg/kg，速效磷 20mg/kg，速效钾 80mg/kg 左右。肥沃的沙壤土最适宜种植甜菜，在这种土壤上种植甜菜，根系发育良好，块根膨大增长速度快，根形整齐，叶丛生长苗壮，块根产量高，含糖量也高。

甜菜以在中性和微碱性土壤中生长良好。一般 pH 值 6.5~8.0 均可种植甜菜。在微碱性土壤上种植甜菜，不仅产量高，而且含糖率也高。甜菜是耐盐碱的作物，在含盐量 0.1%~0.3% 的轻度盐渍化土壤上仍能正常生长。含盐量在 0.6%~1% 的强盐渍化土壤上不适于种植甜菜。

（二）轮作

研究表明，甜菜连作两年，块根减产 36%，含糖率降低 2 度；连作三年，块根减产 40%，含糖率降低 3 度。一般甜菜迎茬块根减产 20% 左右，含糖率也明显下降，因而甜菜必须实行 4 年以上轮作。

甜菜的前作以小麦最好，小麦茬种植甜菜容易抓全苗，幼苗生长健壮，块根产量高，含糖率也高。马铃薯、大豆、蔬菜、玉米也是甜菜良好的前作。麻类、糜黍、高粱、谷子等属于耗地作物，不宜做甜菜的前作。

二、深耕整地

深耕整地，使土壤达到耕层深厚，水、肥、气、热比例协调，松紧度适宜，保水保肥；地面平整，为甜菜全苗、壮苗及植株良好生长创造条件。甜菜播前深耕整地技术多种多样，要因地、因条件实施。总的原则是：以深耕为基础，以保水熟化土壤为重点，与耙、耱（耕）、压、起垄等作业相结合，为保苗和高产创造良好的土壤条件。

（一）深翻深耕

种植甜菜的土壤翻耕深度，要以土壤、地势、气候、生产条件等综合确定，一般以 20 ～30cm 为宜。若逐年加深耕层，耕翻深度在 40cm 范围内，产量随耕翻深度而增加，增产高达 50%。沙壤土土层深厚，土质肥沃，上下层土壤差异不大，可适当加深。沙土上下层土壤差异悬殊，耕深宜浅些。前作为麦类作物时要在收获后进行伏翻，以充分熟化土壤、接纳雨水。前作为秋收作物时要在秋收获后立即进行秋深耕，入冬前必须进行耙耱保墒。

（二）精细整地

甜菜种子小，子叶不好出土，大田直播时不宜深播，种子发芽时又需要吸收大量的水分，因此适时耙耱保墒，进行精细整地，提高整地质量，是保苗高产的关键。通常在深耕后整平耙碎的基础上进行"三九"磙地，以利保墒，在早春土壤解冻 4～5cm 时，要进行顶凌耙耱，使表土达到细碎平整、松软墒足，为甜菜播种创造良好的发芽床。

三、播 种

（一）选种和种子处理

1. 选用优良品种

选用优良品种是种植甜菜最经济有效的增产措施。品种具有一定的地域性，所以要根据当地的土壤、自然条件和生产条件，选择适宜本地区的优良品种种植。

2. 种子精选和处理

（1）精选种子

为了达到甜菜播种后出苗快，出苗整齐，形成壮苗，播前要按照甜菜种子播种品质标准精选种子。选用种球直径大于 2.5mm，种子纯度、净度在 97% 以上，多粒型二倍体种子千粒重 15g 以上，多粒型多倍体种子千粒重 18g 以上，单粒型种子千粒重 9g 以上；种子含水率要求 15% 以下。种子发芽率要高，多粒种应在 70% 以上，单粒种应在 80% 以上。清除瘦小、病粒和杂草种子。

（2）研磨种球

为了防止果皮带菌，促进种子吸水膨胀，使粗糙不规则的种球表面光滑些，以便播种时下子通畅，落子均匀，保证播种质量。播前将种子研磨，把包被种球的花萼和部分果皮磨掉，或选用磨好的种子。

（3）药剂浸种

为了防止甜菜苗期病虫危害，补充营养元素和水分，促进种子萌发，甜菜播前可进行浸种处理。一般每100kg研磨过的种子，用甲基硫环磷2kg或甲基异柳磷1kg，敌可松0.8kg，稀土微肥0.3kg，硼砂0.3kg，磷酸二氢钾0.3kg，兑水70~80kg。药肥溶于水后放入种子，将种子和药液混匀，浸种24h，稍阴干后即可播种。

（4）种子包衣

因包衣剂中含有不同类型的农药，可以杀死害虫和病菌，免除病虫危害；包衣剂中还含有植物生长调节剂，可以促进发芽、出苗和植株健壮生长，起到壮苗作用；种衣剂中含有氮、磷、钾及微量元素等营养成分，种子发芽后可以立即吸收到营养物质，供幼苗生长需要。在土壤水分不足时慎用包衣种子。

（二）适时早播

甜菜适时早播是一项有效的增产措施，适时早播不仅可以充分利用土壤的有效水分，提高出苗率，保证苗全苗壮，增强抗病能力，并且还能延长生育期，提高块根产量和糖分含量。一般当0~5cm土层温度达到5~6℃时，即为适宜的播种时期。甜菜播期的早晚还要考虑土壤质地，沙质土可早播，黏性土壤可适当晚播。

（三）播种量和播种方法

甜菜生产上推广的品种以多粒型多倍体品种居多，种子磨光后，每公顷播量以18~19kg为宜。同时要考虑土壤条件、种子质量和播种方法的不同，适当加大或减少。

甜菜播种方法有条播和穴播（堆种）两种，一般以机械条播为好，播种深浅一致，幼苗出土整齐，利于抓全苗。条播田间配置方式有等行距和宽窄行种植两种，等行距播种时，行距为50~60cm；宽窄行播种时，宽行行距60~70cm，窄行行距30~40cm。宽窄行种植既可增加通风透光，又可保证一定密度。

甜菜适宜的播种深度一般为3cm左右。如土壤水分充足或黏性大，播种还可浅些，土壤表层水分不足或土质疏松，播种可深些，但不能超过4cm。播后及时镇压。特别是在土壤田间持水量低于60%时，镇压尤为重要，一般播后或播后1~2天要镇压1~2次。

四、施肥

（一）甜菜的需肥特性

甜菜产量高，根系发达，需肥量大，吸肥力强，吸肥时间长。研究表明，每生产1t甜菜块根，需要吸收氮4.5kg，磷1.5kg和钾5.5kg，氮、磷、钾分别比禾谷类作物多1~2倍、2倍和3倍。氮、磷、钾三要素中以钾最多，氮次之，磷较少，氮、磷、钾的吸收比例约为3：1：3.7。

甜菜对氮素营养吸收与利用的旺盛时期为叶丛快速生长期和块根增长期。此期每株每天吸收累积氮素100mg左右，吸收的氮素占总吸收量的70%~90%，苗期和糖分积累期吸收少，仅占总吸收量的4%和8%~9%。

甜菜叶丛快速生长期和块根增长初期，氮素含量的多少和代谢活动的强弱与地上部繁茂程度有关，同时也影响块根产量的高低。而块根糖分积累后期能否保持一定的氮素水平与其绿叶面积保持时间的长短和光合能力的强弱有关，进而影响糖分积累的多少。在甜菜生长发育过程中，只有保证充足而适量的氮素供给，特别是叶丛快速生长期和块根糖分积累期的氮素水平和维持此期的合成活动，对促进甜菜生长、提高光合性能、防止生理早衰、达到丰产高糖具有重要作用。

磷能促进甜菜幼苗的生长，促进块根中糖的转化和积累，因为糖的相互转化和积累都是以糖的磷脂形式进行。所以磷素供应充足与否，直接影响块根的增长和糖分的转化与积累。

甜菜对磷素的吸收与利用，以块根分化形成末期和叶丛生长初期最为旺盛，此期每株每天吸收累积磷素5~8mg左右。叶丛快速生长后期，甜菜对磷素的吸收性能减弱。此时新叶的形成、块根的增长和糖分的积累所需要的磷主要靠甜菜体内所贮存的磷素的转移和再度利用来供给。因此块根糖分增长期以前供应磷素的多少，直接关系到后期植株体内的磷素水平，进而关系到甜菜块根增长和糖分积累。

甜菜对钾的吸收与利用，以叶丛形成和块根膨大增长期最旺盛，此期每株每天吸收累积钾素46~58mg左右，吸收累积量约占总吸收量的53%~72%。以后随着生育进程的推移，吸钾速率减弱。钾能明显促进甜菜对氮的吸收与利用。当钾供应充足时，进入甜菜体内的氮较多，形成的蛋白质也较多，从而促进植株的生长，如果缺钾，会使蛋白质发生水解，非蛋白质增加，导致甜菜含糖量下降。

甜菜对钠和氯的需求量高于其他作物 10 倍和 5 倍左右。对硼、锌等微量元素的吸收量比麦类作物分别多 5~6 倍和 1 倍。

甜菜吸肥力强主要表现在能从有机肥料的有效成分总量中吸收 25%~30% 的氮、30%~35% 的磷和钾；从化肥的有效成分中可吸收 90%~96% 的氮、20%~25% 的磷和 50%~65% 的钾。甜菜的当季肥料利用率高于其他作物。

（二）施肥技术

1. 基肥

基肥的施用应以有机肥为主，配合施用无机肥。一般每公顷施优质腐熟有机肥 30t 以上，尿素 150kg 左右，过磷酸钙 750kg 左右。基肥可全层撒施或集中条施。撒施最好结合秋翻施入，当肥料不足时可采用条施。在垄作地区可将肥料条施于原垄沟中，再破茬起垄。

2. 种肥

种肥以磷为主，氮磷配合施用效果最好。按有效成分计，种肥的磷、氮比例以 2~2.5：1 为宜。一般每公顷施用磷酸二铵 150kg 左右即可。种肥要深施，并与种子严格分开，防止烧芽，影响出苗。

3. 追肥

甜菜定苗后就进入叶丛快速生长期，对营养物质的需要量激增，在甜菜形成 8~10 片叶子时，应追施速效化肥，满足甜菜快速生长的需要。一般每公顷追施尿素 120~150kg 或硝铵 180~225kg，如出现缺磷或缺钾症状，每公顷可追施磷酸二铵 75kg 或过磷酸钙 105~150kg，硫酸钾 30~45kg。

此外，为了促进块根糖分积累，在糖分积累期，每公顷用磷酸二氢钾 3.75kg 兑水 750kg 喷洒叶面，每隔 7~10 天喷洒一次，可使块根糖分积累提高 1%~1.5%，产量也会有一定的增加。根外追施磷肥不能过晚，以免叶片早衰，影响光合作用，降低块根产量和糖分积累。

五、灌溉

甜菜种子萌发出苗时，要求土壤墒情为最大田间持水量 70% 左右。在秋耕春灌的条件下，土壤耕作保墒措施良好，可以满足种子萌发出苗对水分的需要。

甜菜苗期根系生长速度快，地上部分生长慢，叶面积小，需水少，应进行蹲苗以促进根系的充分生长和下扎，为高产高糖奠定基础。生产上此期一般不进行灌水。

甜菜进入叶丛形成期后，新叶发生速度加快，叶面积不断扩大，加之气温逐渐升高，土壤蒸发加大，甜菜需水增加，须结合降雨情况适时灌水，一般是再结合第一次追肥可灌第一水。

甜菜块根膨大增长期，植株生长旺盛，需水量加大，是甜菜植株需水量最多的时期，如此时天旱需灌第 2~3 次水。

一般要在收获前一个月停止灌水，避免诱发大量新叶，消耗光合产物，降低糖分积累。

甜菜块根怕湿涝，一般淹水 3~4 天，根尾甚至大部分根体会发生腐烂。因此生育期间若降雨多，田间出现积水时，应及时排水。

第九章 特色经济作物生产技术

第一节 小杂粮种植技术

一、绿豆高产栽培技术

绿豆适应性广，抗逆性强，耐旱、耐瘠、耐荫蔽，生育期短，播种适期长，并有固氮养地能力，在农业种植结构调整和优质、高产、高效农业发展中具有其他作物不可替代的重要作用。其关键技术措施如下：

（一）精细整地

绿豆是双子叶植物，幼苗顶土能力较弱，土壤疏松，蓄水保墒，对保证其出苗整齐十分重要。播种前应浅犁细耙，并结合整地每亩施农家肥 3000 千克，磷肥 30 千克，碳铵 15 千克。

（二）适期播种

以 5 月 10 日到 6 月 20 日最佳，6 月 20 日以后晚播一天减产 1.5%。绿豆的播种方法有条播、穴播和撒播。单作以条播为主，间作、套种和零星种植多是穴播，荒沙荒滩或作绿肥以撒播较多。播深以 3~4 厘米为宜。一般条播每亩用种 1.5~2.0 千克，撒播 4~5 千克，间作套种视绿豆实际种植面积而定。

（三）选用良种

良种是绿豆获得高产的重要前提。一般中上等肥力地块可使用中绿 1 号、中绿 2 号、潍绿 7 号、潍绿 8 号等品种，土壤肥力较低的地块选用潍绿 1 号。另外，绿豆种子成熟不一致，其饱满度和发芽能力不同，并有 5%～10% 的硬实率。为了提高种子发芽率，在播种前应进行种子晾晒和清选。有条件的地区可进行种子包衣处理。

（四）合理密植

绿豆种植密度可根据品种特性、土壤肥力和耕作制度而定。行距 40～50 厘米，株距 10～16 厘米。目前，生产上应用的中绿 1 号、中绿 2 号等绿豆品种，植株直立、株型紧凑，适于密植。一般中、高产地块 9000～10 000 株/亩，在干旱或土壤肥力较差的情况下，可增加到 13 000 株/亩以上。

（五）田间管理

1. 及时间苗、定苗，进行中耕除草

为使幼苗分布均匀，个体发育良好，应在第一片复叶展开后间苗，并结合间苗进行第 1 次浅锄；在第二片复叶展开后定苗，并进行第 2 次中耕。到分枝期进行第三次深中耕，并进行封根培土，中耕应进行到封垄为止，每次中耕都要除净杂草。按既定的密度要求，去弱苗、病苗、小苗、杂苗，留壮苗、大苗，实行单株留苗。采用起垄种植或开花前培土是绿豆高产的重要措施。

2. 巧施追肥

夏播绿豆为了抢时早播，生产上往往采取铁茬播种，因播前不施基肥，而导致减产。试验证明：中等肥力地块，在分枝期（第四片复叶展开后），每亩追施尿素 5 千克，比叶面喷肥效果好。此期追肥可促进大量花芽分化，形成的荚多，籽粒饱满，产量高。开花以后进行叶面喷肥，对延长后期叶片功能期和开花结荚时间有一定的效果，但是对促进第一批花荚形成作用不大。在高产地块，氮素水平较高，应轻施或不施苗肥，重施蕾花肥，并在收摘前后进行叶面喷肥。

3. 适期灌水与排涝

绿豆耐旱主要表现在苗期，三叶期以后需水量逐渐增加，现蕾期为绿豆的需水临界期，花荚期达到需水高峰。在有条件的地区可在开花前灌一次，以促单株荚数及单荚粒数；结荚期再灌水一次，以增加粒重并延长开花时间。水源紧张时，应集中在盛花期灌水一次。在没有灌溉条件的地区，可适当调节播种期，使绿豆花荚期赶在雨季。绿豆怕水淹，若雨水较多应及时排涝。

4. 适时防治病虫害

夏播绿豆常发生的病虫害是叶斑病和豆野螟，一般可使绿豆减产 20%～30% 以上。可用 40% 乐果乳化剂 1000 倍液或 90% 晶体敌百虫 800～1000 倍液，加多菌灵胶悬剂 800 倍液或 50% 硫悬剂 400 倍液，于现蕾前后开始喷洒。一般在现蕾和盛花期各施药一次，就能达到良好的防治效果。

（六）绿豆可以与多种作物间套种

1. 绿豆与玉米间套种

在春玉米种植区，采用 1.3～1.4 米带田，2：2 栽培组合。4 月下旬先种两行绿豆，小行距 40～50 厘米，株距 13 厘米，密度 1～1.2 万株/亩。一般 5 月上旬播种玉米，小行距 40～50 厘米，株距 25 厘米，密度 4000 株/亩。在夏玉米种植区，采用 1.5～1.8 米带田，2：2 或 2：3 栽培组合。麦收前 15 天在畦埂上种两行玉米，株距 30 厘米，密度 2500～3000 株/亩。麦收后抢墒播种 2～4 行绿豆，株距 10～15 厘米。麦收后直播玉米和绿豆，采用 2：1 种植形式效果较好，即玉米大、小行种植，在宽行内种 1 行绿豆。

2. 绿豆与棉花间套种

棉花采用大小行种植，宽行 80～100 厘米，窄行 50 厘米。4 月 20 日前后，棉花播种时在宽行中间种一行绿豆，行距 10～15 厘米，密度 5000 株/亩左右。

3. 绿豆与甘薯间套种

在甘薯小行距种植的地块，隔两沟套种一行绿豆；对大行距种植甘薯地块，隔一沟套种一行绿豆。绿豆的播种时间以甘薯封垄前绿豆能成熟为最佳。绿豆条播，株距 10～15 厘米，单株留苗；点播穴距 30～50 厘米，每穴 2～3 株。

4. 绿豆与黄烟间套种

若黄烟采取 1 米宽等行距种植，于 4 月中下旬每隔两行黄烟种一行绿豆，株距 10～15 厘米，绿豆在 7 月上中旬收获。7 月中旬，第一批黄烟开采后，在另一行间种一行绿豆。8 月下旬，黄烟采收结束，绿豆开花结荚。若黄烟采取大小行种植，宽行 1.3 米，窄行 70 厘米，4 月中旬在宽行内种两行绿豆，7 月上旬黄烟开始封垄，绿豆成熟。

（七）及时收获与贮藏

绿豆成熟参差不齐，绿豆有分期开花、成熟和第一批荚采摘后继续开花、结荚习性，农家品种又有炸荚落粒现象，应适时收摘。一般植株上有 60%～70% 的荚成熟后，开始采摘，以后每隔6~8天收摘一次效果最好。大面积种植情况下常须一次收获，则应以绿豆全部荚果的2/3变成褐黑色为适时收获标志。在高温条件下，成熟荚果易开裂，应在早晨露水未干或傍晚时收获。

二、谷子优质高产高效栽培技术

谷子是喜温、喜光照的短日照作物，耐旱耐瘠薄，抗逆性强，特别适宜在干旱、半干旱地区种植。临沂市谷子以夏季栽培为主，也有少量春季种植。其栽培技术如下：

（一）选择适宜的地块、茬口

选地整地是谷子生产的基础。应选择地势高燥、排水良好、土层深厚、结构良好、质地松软、肥力较高，有机质含量1.6%以上的地块；以壤土、砂质壤土为宜。要避开污染源，在农药残留量低、生态环境良好的地区种植；谷子连作病害严重，杂草多，因此，忌重茬。最好种在前茬为豆类、甘薯、麦类、玉米、高粱、棉花、烟草等茬口的地块。

（二）精细整地

前茬作物收获后，及时深翻，耕深20厘米以上，施肥深度15~20厘米效果为佳。早春耙糖保墒，播前浅耕，耙细整平，使土壤疏松，达到上虚下实。秋季深耕可以熟化土壤，改良土壤结构，增强保水能力，加深耕层，利于谷子根系下扎，使植株生长健壮，从而提高产量。没有经过秋冬耕作或未施肥的旱地谷田，春季要及早耕作，以土壤化冻后立即耕耙最好，耕深应浅于秋耕。春季整地要做好耙糖、浅犁、镇压保墒工作，以保证谷子发芽出苗所需的水分。

（三）选用优质品种

选用优良品种是谷子丰产的内因。要根据谷子品种特征特性、适宜地块和气候条件及生产用途，全面衡量，综合考虑。目前适宜山丘地区夏谷栽培的品种主要有鲁谷10号、济谷12号、济谷13号、济谷15号、济谷16号、济谷17号、济谷18号等。其中济谷12号、济谷13号营养品质好，适口性强；济谷15号、济谷16号抗拿扑净除草剂，通过苗期喷施拿扑净可有效防除谷田禾本科杂草。济谷17号为灰米谷子，济谷18号为黄米糯性谷子，在2013年国家夏谷区试种产量排名第一。

（四）种子处理

首先是精选种子，通过筛选或水选，将秕谷或杂质剔除，留下饱满、整齐一致的种子供播种用。其次是晾晒浸种，播种前将种子晒 2~3 天，用水浸种 24 小时，以促进种子内部的新陈代谢作用、增强胚的生活力、消灭种子上的病菌，提高种子发芽力。还可进行拌种闷种，即用 50% 多菌灵可湿性粉剂，按种子重量的 0.3% 拌种，防治谷子白发病、黑穗病。用种子重量的 0.3% 辛硫磷闷种可防治地下害虫。

（五）播期、播量及播深

适期播种是培育壮苗的关键，春谷播期在 4 月下旬至 5 月上中旬。夏谷播期均在夏收后的 6 月中下旬。

播量应根据种子质量、墒情、播种方法来定，以一次保全苗、幼苗分布均匀为原则，一般每亩用种 0.5~1 千克。谷子播种深度以 3~5 厘米左右为宜，播后镇压使种子紧贴土壤，以利种子吸水发芽。播种方法应采用条播，行距 30~45 厘米。

（六）密度

谷子栽培密度与当地的气候条件、土壤与肥水状况、种植方式及所用的品种密切相关。一般山岭地春谷每亩留苗 3.5 万~4.5 万株；平原旱地夏谷每亩留苗 4 万~5 万株。

（七）施肥技术

谷子栽培中施肥技术对产量有直接的影响，应把握好基肥、种肥、追肥 3 个施肥环节。

1. 基肥

高产谷田一般以每亩施腐熟的农家肥 5000~7500 千克为宜，中产谷田 1500~4000 千克为宜或每亩施用优质有机肥 1500~2000 千克、尿素 15~20 千克、过磷酸钙 40~60 千克、硫酸钾 5~10 千克。基肥秋施应在前茬作物收获后结合深耕施用，有利于蓄水保墒并提高养分的有效性；基肥春施要结合早春耕翻，同样具有显著的增产作用；播种前结合耕作整地施用基肥，是在秋季和早春无条件施肥的情况下的补救措施。基肥常用匀铺地面结合耕翻的撒施法、施入犁沟的条施法和结合秋深耕春浅耕的分层施肥方法。

2. 种肥

在播种时施于种子附近，主要是复合肥和氮肥，施肥后应浅耕地以防烧芽。因谷子苗期对养分要求很少，种肥用量不宜过多，每亩以硫酸二铵 2.5 千克、尿素 1 千克、复合肥 3~5 千克为宜，农家肥也应适量。

3. 追肥

谷子拔节到孕穗抽穗时期，是生长发育最旺盛的阶段，应结合培土和浇水，每亩追施尿素 15 千克，以满足谷子生长发育的需要。

（八）田间管理技术

科学管理是谷子产量与品质的重要保证。必须采取抢时紧管半个月，做到 2 次间苗 2 次清棵，中耕划锄 3 遍。

1. 苗期管理

以早疏苗、晚定苗、查苗补种、保全苗为原则。一般是在 4~5 片叶时先疏一次苗，留苗量是计划数的 3 倍左右，6~7 叶时再根据密度定苗。留苗要在间苗的基础上进行，采取小墩密植、平行留墩、三角留苗，对生长过旺的谷子，在 3~5 叶时压青蹲苗、控制水肥或深中耕，促进根系发育，提高谷子抗倒伏能力。

2. 灌溉与排水

谷子一生对水分要求的一般规律可概括为早期宜旱、中期宜湿、后期怕涝。播前灌水有利于全苗，苗期不灌水，拔节期灌水能促进植株增长和细穗分化，孕穗、抽穗期灌水有利于抽穗的幼穗发育，灌浆期灌水有利于籽粒形成。谷子生长后期怕涝，在谷田应设排水沟渠，避免地表积水。

3. 中耕与除草

中耕可以松土，促根下扎，同时防止杂草滋生，达到养根壮棵控秆的目的。旱地中耕以保墒为主，一般 3~4 次。苗期多锄，灭草保墒，促根生长下扎；拔节期深锄拉透，断老根，促新根，一般深度 15 厘米以上。孕穗期中耕结合培土，促进气生根生长，增加吸收能力，防止后期倒伏。化学除草，减少用工，播种后用谷田专用除草剂 44% 的谷友（原谷草灵）每亩 80 克兑水 50 千克均匀喷雾土表，可有效防除双子叶杂草，控制单子叶杂草，防止草荒。抗除草剂的品种可使用配套除草剂。

4. 后期管理

谷子抽穗开花期，既怕旱又怕涝，应注意防旱保持地面湿润，缺水严重时要适量浇水，大雨过后注意排涝，生育后期应控制氮肥施用，防止茎叶疯长和贪青晚熟，同时谨防谷子倒伏。倒伏后及时扶起，避免互相挤压和遮阴，减少秕谷，提高千粒重。

第二节　主要中草药栽培管理技术

一、金银花栽培管理技术

（一）金银花的用途

金银花，又名金花、银花、双花、对花，因其"凌冬不凋"，又称忍冬花。属于忍冬科忍冬属，多年生半常绿缠绕藤本小灌木。以花蕾（金银花）和茎、叶入药，花初开时白色，后转金黄色，故有"金银花"之称。

金银花是我国确定的名贵中药材之一，也是沂蒙山区传统地道中药材。金银花其性寒、味甘，其有效成分为绿原酸、异绿原酸，具有清热解毒、广谱抗菌、消炎、通经活络之功效。主治风热感冒、咽喉肿痛、肺炎、痈疽疔毒、喉痹、丹毒、温病发热等症，是防治"非典"的特效药。人们熟知的"银翘解毒丸""双黄连口服液"等都是以金银花为主要原料制成的。目前，以金银花和茎、叶为主要原料开发的系列产品有：金银花保健茶、忍冬酒、忍冬可乐、银麦干啤、金银花汽水、金银花露、金银花晶、健儿清解液、金银花糖果以及含有金银花成分的中华牙膏、高露洁牙膏、忍冬花牙膏、金银花面膜等几十个品种，备受消费者青睐。此外，金银花还可用作饲料和饲料添加剂、防治畜禽疾病、制造植物药等，可谓用途广泛。

（二）金银花的生态特性

金银花喜温暖湿润气候，生于背风向阳处，隆冬不凋，一年四季只要有一定温湿度均能发芽。春栽当年就能开花。一般5月下旬开头茬花，而后隔月采一茬。一般一年可采3~4茬，头茬花产量高，约占70%。金银花根系发达、枝条繁茂、叶片密集，再生力强，耐寒、耐旱、耐瘠，抗逆性强，适应性广。无论山区、平原、黏壤、沙土、微酸、偏碱都能顽强生长，是退耕还林绿化荒山、防风固沙、保持水土、改良盐碱地的先锋植物。在山区种植，除采花收益外，还具有绿化荒山、保持水土、改良土壤、调节气候、美化环境等巨大作用。因此，各地多将其在荒山、地边地堰、盐碱地、房前、屋后及城镇空地栽植。在沂蒙山区，数百年来一直用其绿化荒山和保护田埂地堰。金银花还可用于城市绿化和环境美化、制作盆景，供人观赏。

（三）种植金银花的效益

金银花易培育栽植，投资少、易管理、见效快，经济效益显著。栽植当年即能开花，第二年即可见效，第三年进入盛花期，生命长达 40 多年。一般四年生密植园年可亩产干花 120~150 千克，亩收入可达 3000 元以上，高者达 5000 元以上。在金银花主产区，已成为当地农民增加收入的主要来源。

（四）金银花种植技术

1. 品种选择

选择品质优、花蕾大、结花早、花蕾集中、花多而含苞时间长、丰产性好的鸡爪花、大毛花等品种。

2. 扦插育苗

金银花再生能力强，易发根，成活率高，日平均气温 5℃以上即可进行，以 7 月下旬至 8 月上旬最好。插条要选择 1~2 年生，健壮、充实、无病虫危害的枝条，截成 30 厘米长，使断面呈斜形，摘去下部叶片。

育苗地要选择土层深厚、土质疏松、灌排条件良好、土壤肥沃的砂质壤土。亩施腐熟有机肥 3000 千克，碳酸氢铵 100 千克，深耕 30 厘米以上，整平耙细，整成 1.2 米宽的平畦。在整平耙细的苗床上，按行距 20 厘米，开沟深 20 厘米，每隔 3 厘米斜插入一根插条，地上部露出 15 厘米，覆土压实，浇一次透水。要加强苗床管理，重视土壤墒情，墒情不足时，浇水补墒，保持土壤湿润。雨后要及时排涝，保持田间无积水。封墩前要及时除草，保持田间无杂草。新芽长到 10 厘米高时，亩追硫酸钾复合肥 15 千克。新枝 30 厘米长时，要打顶促发侧枝。

3. 定植

高产栽培要选择土层深厚、土壤肥沃、排灌条件好的砂质壤土，深翻 30 厘米以上，整平耙细。按行距 1.5 米、墩距 1 米，挖长、宽、深各 40 厘米的定植穴，每穴施腐熟的有机肥 5 千克，硫酸钾复合肥 100 克，与底土拌匀。于春季 3 月下旬或秋后 11 月上旬定植。选择生长健壮、根系发达、无病虫危害的壮苗，每穴 4~5 株，呈扇形摆好，填土压实，浇透定植水，待水渗下后，封墩培土。

4. 田间管理

（1）中耕除草

金银花栽植后要经常除草松土，使植株周围无杂草滋生，一般每年要中耕除草2~3次。

（2）施肥浇水

要以有机肥为主，化肥为辅，11月份至翌年3月份，金银花休眠期，在花墩周围开宽、深各20厘米的环状施肥沟，每墩施腐熟有机肥5~8千克。金银花抗旱能力强，一般不用浇水，如遇特大干旱，施肥后可浇水一次。

（3）整形修剪

修剪分冬剪和夏剪，冬剪在落叶后至翌年发芽前进行，夏剪在每茬花采收后的5月下旬、7月中旬、8月下旬进行。修剪时要先上部后下部，先里边后外边，先大枝后小枝。结花母枝要截短，旺长枝要留4~5节，中庸枝留2~3节。对1~3年生的幼龄花墩重点培养一、二、三级骨干枝，一般每株选留一级骨干枝1条，二级骨干枝3条，三级骨干枝10~12条。对成龄花墩主要选留健壮的结花母枝，一般每条3级骨干枝上留4~5条结花母枝，每墩花留100~120个结花母枝。

（4）病虫害防治

中华忍冬圆尾蚜：①可用烟草秸秆加辣椒熬制液喷雾防治；②采收前1个月用2.5%溴氰菊酯3000倍液、50%辟蚜雾可湿性粉剂2000~3000倍液或10%吡虫啉可湿性粉剂2000~3000倍液喷雾。

金银花尺蠖：①冬季清墩时清除越冬虫卵，剪除老枝、枯枝；②用10%溴氰菊酯3000倍液或90%敌百虫800~1000倍液喷雾防治。

白粉病：①合理修剪，改善通风条件，清除病叶。②用25%三唑酮1500倍液或50%甲基硫菌灵1000倍液防治。

忍冬褐斑病：①结合修剪，清除病叶。②加强管理，增施有机肥，雨后及时排涝。③用1∶1.5∶300波尔多液防治。

5. 采收与晾晒

（1）采收

适宜的采收时期是在花蕾尚未开放之前，花针上部膨大呈白色时，俗称"大白针期"，此时采收产量最高，品质最佳。以每天上午集中采摘为宜，下午采花要注意摊晒，防止过夜变黑。

（2）晾晒

要当天采收，当天晒干。晾晒时将鲜花薄摊在晒席上，厚度以晒席似露非露为宜，阳光很强时可晒厚些，以免晒黑花针。花针未达八成干时不能翻动，否则变黑，质量下降。为了提高产品质量，有条件的地方，提倡采用烘干干燥法。建适当大小的烘房，内置多个蜂窝煤炉或建五管二回式烘炉，室内分层搭架，架层 8~10 层，层间距 20 厘米，底层离火道 40 厘米。每层放金银花筐子 6~8 个，筐长 1.5~1.6 米，宽 50~60 厘米，每筐上花 3 千克左右。席上铺花厚度 3~6 厘米。控制温度，初烘温度 30~35℃，烘 2 小时后可升至 40℃ 左右。鲜花排出水气，打开门窗排气，经 5~10 小时后室内保持 45~50℃，待烘 10 小时左右，水分大部分排出，再把温度升至 55℃，使花迅速干燥。一般 12~20 小时可全部烘干。烘干时不能翻动，否则易变黑，未干时不能停烘，以免发热变质。

二、桔梗栽培管理技术

（一）桔梗的用途

桔梗，别名木铃铛、苦桔梗、包袱花、灯笼棵、铃铛花，为桔梗科桔梗属多年生草本植物，以根入药，朝鲜人把它叫作"道拉基"。桔梗的主要有效成分是皂甙。近代药理和临床医学研究表明，桔梗具有祛痰、镇咳、抗炎、降血压、降血糖、减肥、抗肿瘤、提高人体免疫力等功能。桔梗的食用价值也很高，桔梗的嫩苗、根均为可供食用的蔬菜，其淀粉、蛋白质、维生素含量较高，含有 16 种以上的氨基酸，包括人体所必需的 8 种氨基酸。桔梗的嫩苗、根还可以加工成罐头、果脯、什锦袋菜、保健饮料等。桔梗也是朝鲜族及国外制作酱菜的原料之一，用途广泛，市场需求量大。桔梗还具有很高的观赏价值。桔梗的花期很长，花着生于茎的顶端，花冠为钟形，花呈蓝紫色、蓝色、白色等，特别是花蕾待放时，膨大如球，别有风趣，十分适宜于布置花坛和用于插花。

（二）桔梗的种植效益

桔梗属药食两用植物，是大宗常用中药材，市场需求量较大。桔梗一般亩产干货 300~350 千克，目前，市场价大约每千克 9~10 元，亩产值一般在 2700~3500 元。每亩需投入苗子费用 300 元左右，肥料、农药等 200 元左右，每亩纯效益在 2000 元以上。

（三）桔梗的特征特性

桔梗为桔梗科多年生草本植物。原野生于山坡及草丛中，喜温暖潮湿的环境，耐寒力也强，适应性广。株高 0.3～1 米，茎直立，上部稍分枝，全株有白色乳汁。根肉肥大，长圆锥形，外皮黄褐色或灰褐色。种子千粒重 0.93～1.4 克，花期 7～9 月，果期 8～10 月。桔梗是深根性植物，播种当年主根可达 15 厘米以上，第二年长达 50 厘米。二年生桔梗每株开花 5～15 朵，结实数 70%，用种子繁殖。也可用组织培养来加速良种繁殖。

桔梗对土壤要求不严，一般土壤均能种植，以壤土、砂质壤土为宜。忌积水，土壤水分过多，根部易腐烂。桔梗怕风害，在多风地区种植要注意防止风害，避免倒伏。

（四）桔梗种植技术

1. 品种选用

据了解，目前我国人工选育的桔梗品种很少，主要采用农家品种。桔梗有蓝花、紫花和白花几种。

2. 选地整地

桔梗为直根系深根性植物，喜凉爽湿润环境。宜选择地势高燥、土层深厚、疏松肥沃、排水良好的砂壤土栽培，黏土及低洼盐碱地不宜种植。前茬作物以豆科、禾本科作物为好。施足基肥，亩施土杂肥 2000～3000 千克，硫酸钾 25 千克、磷酸二铵 10 千克、三元素复合肥 15 千克，深耕 30～40 厘米，整平、耙细、做畦。畦宽 1.2～1.5 米，平畦或高畦，高畦畦高 15 厘米，畦长不限，作业道宽 20～30 厘米。

3. 种子处理

选择两年生桔梗所产的充实饱满、发芽率高达 90% 以上的种子。播前将种子放在 50℃温水中，搅动至凉后，再浸泡 8～12 小时，稍晾后可直接播种，也可用湿布包上，放在 25%～30℃的地方，盖湿麻袋催芽，每天早晚用温水冲滤一次，约 4～5 天，待种子萌动时，即可播种。也可用 0.3%～0.5%高锰酸钾溶液浸泡 12 小时后播种。

4. 播种方法

桔梗可直播或育苗移栽。春、夏、秋、冬均可播种。直播以 10 月下旬至 11 月上旬播种为好，育苗移栽以夏播为好，节约半季土地，产量高、效益好。

（1）直播

秋播于 10 月下旬至 11 月上旬，在整好的畦上按 20～25 厘米开沟，沟深 2 厘米，将种子拌 3 倍细土（沙）均匀撒于沟内，覆土 1~1.5 厘米，耥平轻压。播量每亩 1 千克。上冻前浇一次封冻水。春播于 3 月中旬至 4 月中旬进行，种植方法同秋播，播后浇水，出苗前保持土壤湿润，可覆盖麦穰或稻草保湿，以利出苗；10~15 天出苗。

（2）育苗

移栽育苗移栽一年四季均可进行。近几年采用夏播秋植新技术，即麦收后立即将麦茬耙掉，施足基肥，深耕耙细，整平做畦，畦宽 1.2~1.5 米。亩播量 5~7.5 千克。种子拌 3~5 倍细土（沙）均匀撒入畦面，覆土或细沙 1~1.5 厘米，再覆盖 2~3 厘米厚的麦穰。经常保持畦面湿润，10~15 天出齐苗后，于傍晚逐步搂出麦穰练苗。7 月中旬至 8 月下旬视苗情追肥 1~2 次，每亩追磷酸二铵和尿素各 10 千克。遇严重干旱应浇水，遇涝要及时排水，以免烂根。培育壮苗，当根上端粗 0.3~0.5 厘米，长 20~35 厘米时，即可移栽。秋后（11 月中旬前后）至翌春发芽前，深刨起苗不断根。开沟 10~15 厘米深，按行距 25~30 厘米，株距 5~6 厘米移栽，亩植 4.5 万~5.5 万棵，按大、中、小分级，抹去侧根，分别移栽，斜栽于沟内，上齐下不齐，根要捋直，顶芽以上覆土 3~5 厘米。墒情不足时，栽后应及时浇水。

5. 田间管理

（1）间苗定苗

直播田苗高 2 厘米时适当疏苗，苗高 3~4 厘米时按株距 6~10 厘米定苗。缺苗断垄处要补苗，带土移栽易于成活。

（2）中耕除草

桔梗前期生长缓慢，杂草较多，应及时中耕除草。特别是育苗移栽田，定植浇水后，在土壤墒情适宜时，应立即浅松土一次，以免地干裂透风，造成死苗。生长期间注意中耕除草，保持地内疏松无杂草。

（3）肥水管理

桔梗系喜肥植物，在生长期间宜多追肥。特别在 6—9 月是桔梗生长旺季，应在 6 月下旬和 7 月中下旬视植株生长情况适时追肥。肥料以人畜粪尿为主，配施少量磷肥和尿素（禁用碳酸氢铵）。一般亩施稀人粪尿、畜粪 1000~1500 千克或磷酸二铵和尿素各 10~15 千克。开沟施肥、覆土埋严、施后浇水、或借墒追肥。无论直播或育苗移栽，遇严重干旱时都应适当浇水，雨季注意排水，防止积水烂根。

（4）抹芽、打顶、除花

移栽或两年生桔梗易发生多头生长现象，造成根杈多，影响产量和质量。故应在春季桔梗萌发后将多余枝芽抹去，每棵留主芽 1~2 个。对两年生留种植株应在苗高 15~20 厘米时进行打顶，以增加果实的种子数和种子饱满度，提高种子产量。而一年生或两年生非留种用植株要全部除花摘蕾，以减少养分消耗，促进根的生长，提高根的产量。也可在盛花期喷 0.075%~0.1% 乙烯利，除花效果较好。两年生桔梗植株高达 60~90 厘米，在开花前易倒伏。防倒措施：当植株高度 15~20 厘米时进行打顶；前期少施氮肥，控制茎秆生长；在 4—5 月喷施 500 倍液矮壮素，可使茎秆增粗，减少倒伏。

（5）病虫害防治

桔梗病害主要有轮纹病、斑枯病、炭疽病、枯萎病、根腐病等。如有发生，可在发病初期用 1：1：100 波尔多液或 50% 多菌灵、代森锰锌、福美甲胂或 50% 甲基硫菌灵等常规杀菌剂常量喷雾防治。虫害主要有蝼蛄、地老虎、蚜虫、红蜘蛛等，防治方法与其他大田农作物相同。

（6）留良种

9~10 月，蒴果变黄时带果柄摘下，放通风干燥的室内后熟 2~3 天，然后晒干脱粒。桔梗种子必须及时采收，否则蒴果开裂，种子易散落。

6. 采收加工

桔梗直播的当年可收获，但产量较低，最好在第二年或移栽当年的秋季，约 10 月中旬，当茎叶枯黄时即可采挖，割去茎叶、芦头，分级鲜售。或洗净后趁鲜用竹片或玻璃片刮净外皮，晒干（烘干）待售。

参考文献

[1] 杨进. 中国农业种植结构转型研究 [M]. 北京：中国农业出版社，2021.

[2] 杨雷，杨莉，董辉. 怎样提高草莓种植效益 [M]. 北京：机械工业出版社，2021.

[3] 贾秀锦. 山西省主要农作物种植技术手册 [M]. 太原：山西科学技术出版社，2020.

[4] 王建刚. 新疆阿勒泰地区精细化农业气候资源及主要农作物种植区划 [M]. 北京：气象出版社，2020.

[5] 缑国华，刘效朋，杨仁仙. 粮食作物栽培技术与病虫害防治 [M]. 银川：宁夏人民出版社，2020.

[6] 吴建明. 广西农作物种质资源 [M]. 北京：科学出版社，2020.

[7] 邓国富. 广西农作物种质资源大豆卷 [M]. 北京：科学出版社，2020.

[8] 王凤梧. 乌兰察布市农作物品种志 [M]. 北京：中国农业大学出版社，2020.

[9] 彭金波，瞿勇，费甫华. 现代薯蓣类农作物种植实用技术问答 [M]. 武汉：湖北科学技术出版社，2019.

[10] 余永昌. 河南省主要农作物全程机械化生产模式与配套机械 [M]. 郑州：中原农民出版社，2019.

[11] 李志勇，魏霜. 转基因农食产品技术性贸易措施指南 [M]. 广州：华南理工大学出版社，2019.

[12] 汪波. 身边的农作物 [M]. 武汉：武汉出版社，2019.

[13] 朱宪良. 主要农作物生产全程机械化技术 [M]. 青岛：中国海洋大学出版社，2019.

[14] 刁其玉. 农作物秸秆养羊 [M]. 北京：化学工业出版社，2019.

[15] 田福忠，郭海滨，高应敏. 农作物栽培 [M]. 北京：北京工业大学出版社，2019.

[16] 张云霞，豆剑，袁歆贻. 农作物栽培学 [M]. 天津：天津科学技术出版社，2019.

[17] 张俊华. 农作物病害防治技术 [M]. 哈尔滨：黑龙江教育出版社，2019.

[18] 吕建秋，田兴国. 农作物生产管理关键技术问答 [M]. 北京：中国农业科学技术出

版社，2019.

［19］范振岐. 农作物生长建模与可视化［M］. 西安：西北工业大学出版社，2019.

［20］黄健. 农作物病虫害识别与防治［M］. 北京：气象出版社，2019.

［21］熊波，张莉. 农作物秸秆综合利用技术及设备［M］. 北京：中国农业科学技术出版
　　社，2019.